지금 놀러 갑니다, 다른 행성으로

Vacation Guide to the Solar System

## VACATION GUIDE TO THE SOLAR SYSTEM

# 지금 놀러 갑니다, 다른 행성으로

Vacation Guide to the Solar System

올리비아 코스키, 야나 그르세비치 지음 | 김소정 옮김

지상의 책

내 여행 동료들, 비올라와 제임스에게 이 책을 드립니다.

– 올리비아 코스키

나에게 〈나는 달을 본다네 I See the Moon〉를 불러준 어머니와 아버지에게 이 책을 드립니다.

– 야나 그르세비치

# CONTENTS

# 미리 보는 태양계 행성 여행

금성에 떠 있는 실제 구름의 색. 육안으로 보는 것보다 조금 더 세밀하게 보인다.
금성은 태양계에서 가장 뜨거운 행성이다.
금성의 대기를 이루는 기체 가운데 96% 정도는
지구에서 온실 효과를 일으키는 이산화탄소이다.
온실가스인 이산화탄소가 엄청난 열을 대기 아래에 가두기 때문에
금성의 지표면 온도는 464℃에 달한다.

MATTIAS MALMER/NASA

올림포스 산(아래)은 많은 관광객이 찾는 화성의 명소이다.
아스크라이우스 화산(가운데 왼쪽), 파보니스 화산(가운데 중앙),
아르시아 화산(가운데 오른쪽)도 반드시 다녀오자.
밤의 미로(위 왼쪽)를 걸어보는 것도 잊지 말자.

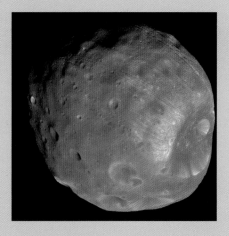

지구에서 가장 높은 건물도 훌쩍 뛰어넘을 수 있을 만큼
높이 뛸 수 있는 화성의 제1위성 포보스에 가보자.
포보스는 그 어떤 위성보다도 화성에 가까이 붙어서 공전한다.

누구나 목성에서 제일 먼저 보고 싶은 곳은
수많은 관광객을 끌어당기는 대적점(Great Red Spot)일 것이다.
오직 용감한 자만이 대적점이라고 알려진 거대한 허리케인 속으로
비행해 들어갈 수 있다. 대적점은 지구도 통째로 삼킬 수 있다.

화산으로 뒤덮여 있는 목성의 위성, 이오.
이오는 목성의 방사능 띠 한가운데에 떠 있기 때문에
그 어떤 위성보다도 방사능 수치가 높다.

목성의 위성 가운데 가장 크고 매혹적인 갈릴레이 위성들이다.
왼쪽에서부터 이오, 에우로파, 가니메데, 칼리스토이다.
가장 바깥쪽을 도는 칼리스토를 제외하면
갈릴레이 위성은 모두 방사능 수치가 엄청나게 높다.

토성의 북극에 생성되는 육각형 소용돌이.
제트 기류와 유사한 바람이
파동의 각도를 꺾어 육각형 모양이 된다.
NASA/JPL/SPACE SCIENCE INSTITUTE

토성의 위성인 타이탄은 태양계에서 손에 꼽을 정도로 아름다운 휴가 장소이다.
하지만 타이탄의 대기는 독성 물질이 있고,
기온은 아주 낮기 때문에 조심해야 한다.

토성의 위성 이아페토스의 옆면은 페인트를 뿌려놓은 것처럼 보인다.
공전 방향 앞쪽에 있는 반구는 흑적색이지만 뒤쪽 반구는 아주 밝기 때문이다.

육안으로 보는 천왕성은 고요한 파란 공 같다.
하지만 그 장엄한 푸른색에 속으면 안 된다.
천왕성의 날씨는 태양계에서 가장 기이하다.

적외선으로 촬영하면 천왕성의 고요한 파란색 구름 밑에 숨어 있는
파동과 반점을 볼 수 있다.

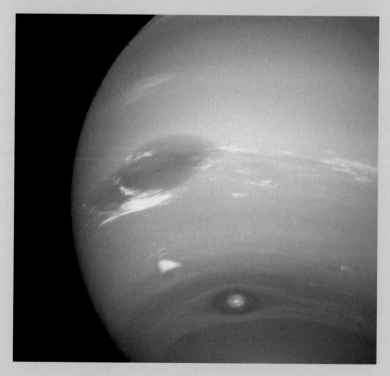

대암점(Great Dark Spot)이라 불리는 해왕성의 폭풍은 멀리서 보면 유순해 보인다.
하지만 태양계에서도 알아주는 난폭한 바람임을 명심해야 한다.
대암점처럼 행동하는 거대 폭풍은
태양계 내에는 해왕성에서밖에 발견하지 못했다.

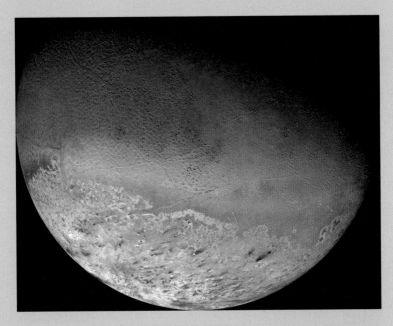

해왕성에서 가장 큰 위성 트리톤의 캔털루프 지형.
깨끗하고 신선한 질소가 있고 메탄 눈이 가볍게 흩날리는 트리톤은
질소, 메탄, 고체 일산화탄소로 덮여 있는 경이로운 겨울 왕국이다.

NASA/JPL/USGS

명왕성에서 가장 유명한 경관을 자랑하는 스푸트니크 평원.
밝게 보이는 부분인 이 얼음 함몰 지형의 폭은 800km에 이른다.

명왕성의 위성 샤론.
샤론의 공전 주기는 명왕성의 자전 주기와 같다. 그 때문에 명왕성 지표면 절반에서는
샤론을 보지 못하고, 샤론의 반쪽 표면에서도 명왕성을 보지 못한다.

# 언젠가 우주여행을 떠나고 싶은 당신에게

1972년 이후로 사람들은 더는 다른 세계(달)의 표면에 발을 딛고 있지 않다. 그러니 행성 여행 가이드가 도대체 무슨 소용이 있냐고 묻고 싶은 사람도 있을 것이다. 하지만 우주여행이 가까운 미래에는 실현할 수 없는 판타지라고 생각한다면, 불과 100여 년 전만 해도 비행기가 최첨단 기술이었음을 떠올려보자. 당시 지구에서 가장 빠른 비행기는 시속 193km 정도로 이동할 수 있었는데, 그 비행기를 타면 2571년쯤 뒤에는 해왕성에 도착할 수 있다. 1989년에 보이저 Voyager 2호는 시속 6만 7600km 정도의 속도로 날아 12년도 되지 않아 해왕성에 도착했다. 그러니 앞으로 100년 뒤에는 해왕성까지 가는 데 시간이 어느 정도 걸릴지 아무도 예측할 수 없다. 우주여행을 떠난 우리 증손자들이 화성에 있는 오래된 도서관에서 이 책을 발견하고 조상들은 정말로 순진했다며 웃을지도 모를 일이다.

인류가 인류를 파괴하는 일만 일어나지 않는다면 사람들이 이 책에서 소개한 장소로 여행을 가리라는 사실은 의문의 여지가 없다. 적절한 자원을 확보하고 무엇보다도 의지를 굳건하게 세운다면 우리는 우주 저 먼 곳에 있는 장소로 휴가를 떠날 수 있을 것이다. 우주 여행지 가운데 달이나 화성 같은 곳은 수십 년 안에 가게 될 수도 있다. 사실 목성의 강렬한 방사선에 노출되어도 버틸 수 있는 방법이나 태양을 정면으로 받고 있는 수성에서 살아남는 방법, 태양계 외부로 여행을 하는 방법을 찾으려면 그보다는 훨씬 더 오랜 시간이 필요할 것이다. 결국 사람은 절대로 생존할 수 없어서 탐사선이나 로봇을 보내 가상 체험을 하는 것으로 만족해야 하는 장소도 있을 것이다.

○ ⊘ ✛

우리 두 사람은 뼛속까지 우주여행 에이전트이다. 우리가 하는 일은 사람들이 우주로 여행을 떠날 마음을 먹게 하는 것이다. 우리가 행성 여행 가이드를 출간하는 이유는 각 여행지에서 활용할 수 있는 최상의 정보를 제공하고 싶기 때문이다. 물론 우리는 이 책에서 소개한 여행 장소에 실제로 가본 적은 없다. 하지만 우리가 여행 장소를 제대로 묘사했는지는 여러 전문가가 확인해주었으니, 정보의 신뢰성은 걱정할 필요가 없다.

달을 비롯해 여러 행성과 위성을 소개할 때 언급한 건물이나 도시 같은, 사람이 건설한 시설 이야기는 우리가 꾸민 내용이다. 그 어떤 행성에도 '육상탐사선, 로버 rover(행성 지표면에서 이동하는 차량-옮긴이), 우주 탐사선 잔해, 이제는 하얗게 빛이 바랬을 달에 두고 온 미국 국기 여섯 장, 그다지 대단할 것 없는 사람이 남긴 약간의 흔적' 외에는 사람이 만든 물건은 없다. 사실 사람이 직접 발을 디딘 곳도 우리 달 외에는 아무 데도 없다. 이 책에 실은 모든 가상현실은 과학자들과 기술 전문가들의 의견을 듣고 기술한 것으로, 실제로 여행 장소에 갔을 때 경험할 수 있는 상황을 묘사했다.

독자들은 이 책에 실린 내용 가운데 어떤 부분이 사실이고 어떤 부분이 허구인지 궁금할 것이다. 기온이나 하루 길이, 기후 같은 자연현상은 최신 과학 연구를 기반으로 설명했고 각 천체에서 일어나는 일들은 물리학을 토대로 묘사했다. 탐사 계획, 탐사선, 착륙선, 로버에 관한 부분은 사실이다. 각 행성의 지형 묘사도 사실이다. 각 행성의 지형 이름은 대부분 국제천문연맹International Astronomical Union이 정한 명칭을 따랐다. 좀 더 이해하기 쉽도록, 라틴어 이름을 일반명으로 바꿀 수 있을 때는 바꿔서 기록했다(과학자들이 논문을 쓸 때 흔히 사용하는 라틴어 명칭은 일반명 옆에 괄호를 치고 적어 넣었다). 예술가 기질을 다분히 발휘해 지하나 공중에 있는 도시를 묘사하고 각 여행지에 관한 소문들, 로버 빌리는 방법, 낯선 땅을 탐사할 때 타고 다닐 해저 비행선, 우주선, 호버 같은 운송 수단을 설명할 때도, 극한 환경에 노출되었을 때 살아날 가능성이나 태양계 내부의 다양한 여행지를 여행할 때 쉽게 경험해볼 수 있는 활동 등을 소개할 때도 과학을 근거로 설정하고 묘사했다.

○ ⊘ ✦

이 책에는 상상력을 듬뿍 담았지만, 실제로 인류는 거침없이 우주로 나가려는 준비를 거의 마쳤다. 2011년에 게릴라 사이언스Guerilla Science가 일반인을 위한 우주여행을 기획하면서 불시에 은하계 여행 사무국을 개설한 뒤로 아주 짧은 시간이 지났지만 그 사이에 이웃한 행성에 관한 인류의 지식은 믿을 수 없을 정도로 풍성해졌다. 우주 탐사선들은 명왕성, 토성, 목성 같은 태양계 행성의 모습을 사진에 담아 지구로 보냈고, 한 로봇은 머나먼 곳에 있는 혜성에 착륙하기도 했다. 과학자들은 머나먼 곳에 있는 항성 주위를 도는 신비한 외계 행성을 수천 개 이상 찾아냈고, 앞으로 더 많은 외계 행성을 찾아낼 것이다.

다른 세상에 관해 더 많이 알수록, 사람이 우주에서 차지하고 있는 위치도 더욱 분명하게 확인할 수 있다. 현재 다른 행성의 환경은 어떤지, 그런 환경에서 살아남으려면 얼마나 극적인 방법을 취해야 하는지를 알게 되면 우리 지구가 얼마나 진귀하고 소중한 곳인지, 다음 세대를 위해 지구 환경을 지키는 일이 얼마나 중요한지를 깨닫게 될 것이다. 우주여행을 하는 목적이 지구가 당면한 사회·경제·환경 문제를 해결하려는 노력과 상충한다고 생각할 이유는 없다. 우리 행성을 지키는 일이 얼마나 중요한지를 상기해주는 일이라면 어떤 형태든지 지구의 생존에 도움이 될 테니까.

과학자들은 지구 외부에 있는 장소를 새롭게 알아가려는 노력을 하고 있고, 평범한 사람들은 사람의 생존에 유일하게 호의를 보이는 행성인 지구를 보호할 방법을 찾는 중이다. 그동안 기업가들은 실제로 우주에서 휴가를 보낸다는 계획을 실현하려고 애쓰고 있다. 일론 머스크Elon Musk 의 스페이스엑스SpaceX 사는 현재 국제우주정거장으로 화물을 운반하고 있는데, 최종적으로 화성에 사람을 실어 나른다는 목표를 세우고 있다. 리처드 브랜슨Richard Branson 의 버진갤럭틱 Virgin Galactic 사, 제프 베조스Jeff Bezos 의 블루오리진Blue Origin 사 같은 여러 기업이 평범한 사람들을 제일 먼저 우주 끝으로 실어 나르는 회사가 되려고 경쟁을 벌이고 있다. 월드뷰World View 라는 회사는 하늘 높이 기구를 띄워 사람들이 지구의 모습을 한눈에 볼 수 있는 기회를 제공한다는 목표를 세웠고, 호텔 거부 로버트 비글로Robert Bigelow 가 자본을 대는 비글로에어로스페이스Bigelow Aerospace 사는 공기를 담고 지구 궤도를 도는 호텔 임대 사업을 꿈꾸고 있다. 이런 회사들이야말로 우주여행을 현실로 실현할 산업 선구자들이다. 여행자들이여, 우주로 휴가를 떠나는 일은 이제 시간문제일 수도 있음을 명심하자.

　당신이 타고 갈 우주선이 기다리고 있다!

# 카운트다운

우리 고향 행성(지구)에 발을 딛고 밤하늘을 올려다보면 앞으로 펼쳐질 모험과 휴식과 낭만이 한눈에 들어온다. 밤하늘에 보이는 모든 별은 어디가 되었든지 휴식처가 될 수 있다. 어디, 가고 싶은 곳이 있는가?

우주여행은 집을 떠나 수백만 km, 아니, 심지어 수십억 km 떨어진 곳으로 떠나는 여정이다. 지구를 기반으로 하는 거리 감각으로는 지금 서 있는 지구와 완벽한 기쁨으로 가득 차 있는 저 먼 목적지 사이의 광활한 텅 빔을 이해하기가 거의 불가능하다. 우주는 목적지마다 같은 곳이 없으며, 그곳에서 겪게 될 일은 예측도 할 수 없다. 하지만 한 가지 분명하게 말할 수 있는 사실이 있다. 우주여행을 다녀온 사람은 다시는 지구를 떠나기 전과 동일한 사람으로 살아갈 수 없으리라는 점이다. 우주여행을 하고 온 사람은 몸도 인생을 바라보는 시선도 우주를 이해하는 마음도 이전과는 완전히 달라진 새로운 사람으로 거듭날 것이다.

우주를 여행하면서 마주치는 장소는 기묘하면서도 친숙할 것이다. 지구 중심의 시공간에 관한 개념은 장엄한 물리 법칙이 제공하는 장렬한 리듬 속에 묻혀버릴 것이다. 목적지에 따라 하루의 길이는 지구의 하루보다 길 수도 있고 짧을 수도 있다. 행성이 태양 주위를 한 바퀴 도는 데 걸리는 시간인 행성의 1년도 장소에 따라서는 사람의 수명을 몇 번이나 거듭해야 할 정도로 긴 곳도 있을 것이다. 발을 딛고 서 있을 땅이 없는 행성도 있을 것이다. 하늘 위로 솟은 거대한 화산의 높이를 재고 땅속 깊은 곳으로 꺼져 있는 크레이터 안에서 밤하늘을 쳐다보고 기묘한 색을 띤 구름 속을 항해하는 동안, 지구에서 당신을 괴롭히던 삶의 걱정들은 어느새 스르르 녹아 사라져버릴 것이다. 한 개체로서 사람은 정말로 보잘것없는 존재라는 사실을 깨닫고 살며시 웃게 될지도 모른다.

물론 걱정할 필요는 없다. 우리 두 사람은 당신이 아주 멋지게 태양계를 여행할 수 있도록 도와줄 테니까. 이 책은 거창하고도 기묘한 여행을 떠날 수 있도록 돕는 아주 평범한 여행 안내서이다. 일단은 우주여행을 떠나기 위해 받아야 하는 훈련과 필요한 짐을 싸는 법, 미소중력microgravity 환경에서 건강을 유지하고 생존하는 방법 등 가장 기본적인 내용부터 알려줄 것이다. 세부 내용은 그 뒤에 다룬다. 여행지는 지구에서 가까운 곳부터 먼 곳 순으로 살펴볼 텐데, 태양계에 존재하는 모든 행성과 잠시 들러볼 수 있는 여행 장소를 몇 군데 소개할 것이다. 따라서 제일 먼저 달을 소개하고, 그 뒤로는 수성, 금성, 화성 같은 내부 행성을 둘러보고 목성, 토성, 천왕성, 해왕성 같은 거대한 외부 행성을 다룰 것이다. 마지막 여행 장소는 명왕성이다. 명왕성은 이제 더는 행성이라는 지위를 유지하고 있지 않지만, 행성이었을 때와 마찬가지로 아주 흥미롭고 경이로운 여행 장소다. 목적지마다 방문하면 좋은 최적 시기, 그곳에서 하게 될 경험들, 각 장소에 도착한 뒤에 시간을 보내는 방법도 소개한다.

타이탄의 메탄 호수를 항해하거나 화성의 마리너 계곡에서 레펠(현수하강)을 하거나 저 먼 곳에 있는 에우로파의 얼음으로 뒤덮인 지하 바다를 탐험할 때면 외계인으로 산다는 것이 어떤 의미인지를 분명하게 깨닫게 될 것이다. 사람은 지구에서 살아가도록 만들어진 존재다. 광활하고 텅 빈 우주에서 오랫동안 휴가를 보내는 것만큼 우리가 사람임을 절실하게 깨우쳐줄 경험은 없다.

# 지구를 떠날 준비

그저 우주여행을 떠나겠다고 결심한 다음 날 훌쩍 떠날 수는 없다. 우주여행을 하기로 마음먹은 사람은 먼저 혹독하게 훈련을 해야 한다. 또 짐은 최대한 가볍게 싸고, 아주 굳건한 결의를 다져야 한다. 난생처음 지구를 떠난다는 사실에 느낄 수밖에 없는 생소한 감정을 보듬을 방법은 전혀 없다. 그래도 우주로 떠나기로 마음먹은 것은 바로 그런 기분을 느끼고 싶었기 때문임을 기억하자.

##  우주선을 타고 살아남기 위해

사람의 몸은 지구에서 살면서 지구에 맞게 형성된다. 지구에 적응한 몸과 마음이 새로운 우주 환경에 적응할 수 있도록 준비하는 과정은 전적으로 모든 시간을 투자해야 하는 험난한 여정이다. 힘든 훈련 과정을 온몸으로 받아들여야 한다. 일단 우주여행에서 살아 돌아오기만 한다면 남은 인생 동안 소중한 추억을 떠올리며 살아갈 수 있을 것이다. 제대로 준비를 하고 떠나야만 가장 중요한 두 가지 목적(휴식과 놀이)에 집중할 수 있음을 명심하자.

우주여행에 필요한 훈련을 마치는 기간은 목적지가 어디냐에 따라 몇 달이 걸릴 수도 있고 몇 년이 걸릴 수도 있다. 미국항공우주국NASA

이 정한 우주비행사 선발 기준은 아주 엄격하며, 우주여행을 떠나는 평범한 사람들이 충족할 수 있는 조건도 아니다. 우리는 미국항공우주국의 기준을 염두에 두고 각 목적지에서 겪을 수 있는 상황을 바탕으로 여행자가 우주에서 휴가를 보내기 위해 갖춰야 할 기준을 새롭게 설정했다.

**✚ 시력:** 시력은 반드시 양쪽 눈 모두 2.0이어야 한다. 예전에는 완벽한 시력을 갖춘 소수만이 우주를 여행할 수 있었지만 지금은 레이저 시술 덕분에 훨씬 많은 사람이 우주를 여행할 수 있게 되었다.

**✚ 혈압:** 앉은 자세로 혈압을 측정했을 때 최고혈압/최저혈압이 140/90mmHg 범위여야 한다. 지구에서는 중력 때문에 위로 올라가는 혈압이 끊임없이 밑으로 내려와 혈액이 순환할 수 있다. 혈액을 밑으로 끌어당기는 중력이 없다면 혈액은 모두 머리로 몰릴 것이다. 우주여행을 떠나기 전에 혈압을 건강하게 유지해두어야만 심장을 압도하는 경이로운 경치를 보았을 때 심장마비에 걸릴 가능성을 줄일 수 있다.

**✚ 신장(키):** 일어서서 측정한 신장이 145cm에서 190cm 사이여야 한다. 모든 사람에게 맞는 우주선 좌석을 만들 수는 없기 때문에 키가 큰 사람들은 좌석에 앉을 수 있음을 증명해 보여야 한다. 현재 미국항공우주국의 신장 제한 기준은 과거만큼 엄격하지는 않다. 1960년대에는 180cm가 넘는 사람은 우주비행사가 될 수 없었다. NBA 농구선수들은 대부분 우주비행사가 될 수 없었던 셈이다. 달에서 덩크슛을 하는 것만큼 짜릿한 일도 없었을 텐데, 참으로 안타깝다.

✦ **군대식 수중 생존 훈련**: 14kg 완전 무장을 하고 물에 들어가 살아남는 법을 익혀야만 우주선이 불시착했을 때 생존할 수 있다.

✦ **스쿠버 다이빙 자격증**: 산호초에서 다이빙 연습을 하는 것보다는 스쿠버 다이빙 자격증을 따는 것이 우주에서 유영을 하는 데 더욱 도움이 된다. 물속에서 압축한 공기통을 매고 숨을 쉬는 방법을 배우면 진공인 우주에서 공기통을 매고 숨을 쉬는 방법을 익힐 수 있다.

✦ **수영 테스트**: 플라이트슈즈flight shoes 와 테니스화를 신고 25m 길이 수영장에서 쉬지 않고 세 번 왔다 갔다 할 수 있어야 한다. 이런 수영 테스트로 우주에서 휴가를 보낼 때 겪을지도 모르는 난관을 극복할 수 있을지 가늠할 수 있다.

✦ **압력 테스트**: 높은 고도와 낮은 고도에 각각 설치한 밀폐 공간에서 압력을 견디는 능력을 시험해보자. 휴가지에서는 압력 조절 기능을 갖춘 숙소와 우주복이 위험할 정도로 높거나 낮은 압력을 조절해줄 것이다. 휴가를 떠나기 전에 극단적인 압력을 경험하면 우주에 나가 방향감각을 잃었을 때 좀 더 수월하게 문제를 해결할 수 있다.

✦ **중력 훈련**: 하루에 40번씩 20초 동안 무중력 상태를 경험해보아야 한다. 비행기가 크게 포물선을 그리면서 비행을 하면 비행기 내부는 미소중력 상태가 된다. 비행기가 크게 포물선을 그리면서 아래로 하강하면 약 0.5초 동안 몸이 붕 뜰 것이다. 그와는 반대로 비행기가 크게 포물선을 그리면서 상승하면 비행기 내부에는 일반적인 중력보다는 조금 더 큰 중력이 형성된다. 흔히 '구토 혜성vomit comet '이라고 부르는 이 무중력 비행기를 타고도 훌륭하게 살아남

는다면 당신은 무중력 상태를 매일 경험해도 살아남을 수 있을 것이다.

✛ **중성부력 훈련:** 물이 가득 든 물탱크에 들어가는 것은 지구에서 미소중력 상태를 만드는 아주 좋은 방법이다. 중성부력 상태에서는 위로 떠오르지도 않고 밑으로 가라앉지도 않는다.

 ## 뭘 가져가면 될까?

여행지를 예약하고 적절한 훈련을 모두 받았다면 이제는 짐을 꾸릴 시간이다. 잠시 달에 다녀올 생각이 아니라면 긴 여행에 필요한 짐을 챙겨야 한다. 우주선 수화물 운반비용은 절대로 저렴하지 않으니 충분히 고민하고 꼭 필요한 물건만 챙기자. 여행을 떠나 지구 표면 위에 있는 궤도이자 첫 번째 여행 기착지인 곳에 도착하려면, 당신과 당신 짐은 최소한 시속 2만 7360km 정도의 속도로 우주로 쏘아올려져야 한다.

과거에는 미국 우주왕복선에 짐을 0.5kg 실어 지상에서 400km 위에 있는 국제우주정거장으로 보낼 때 1만 달러 정도 비용이 들었다. 현재 지구에서 비행기로 이동할 때는 수화물 23kg당 40달러쯤 내야 하니, 지구에서 비행기로 하는 여행은 정말로 저렴한 편이다. 우주로 짐을 가져갈 때 드는 비용은 계속 낮아지고 있지만, 이 세상 최고 부자라고 해도 우주여행이라는 엄청난 모험을 떠날 때는 반드시 물리법칙을 존중해야 한다. 그래도 양말 정도는 몇 켤레 더 가져가고 싶다고? 짐을 30g 덜 챙길 때마다 625달러씩 절약할 수 있다는 사실을 떠올리자.

우주여행을 떠나는 사람이 반드시 가져가야 하는 물건은 다음과
같다.

✤ **벨크로:** 선실을 떠다니는 펜을 50번쯤 쫓아다녀보면 무엇이든 척척
붙이는 벨크로의 진가를 인정하게 될 것이다.

✤ **덕트테이프:** 아폴로 우주비행사들은 이 튼튼한 테이프로 월면차 타
이어의 바퀴 덮개를 고쳤다.

✤ **구급약:** 꼭 필요한 밴드와 기본 약품, 연고 외에도 외상을 치료하거
나 수술할 수 있는 장비도 챙겨야 한다. 어떤 일이든 척척 해낼 수
있도록 준비해 가야 한다. 경우에 따라서는 옆자리에 앉은 손님의
충수를 떼어낼 유능한 외과의사가 되어야 할 수도 있으니까.

✤ **타월:** 미소중력 상태일 때 액체를 흘렸다면 액체가 멀리 흩어지기
전에 재빨리 닦아야 한다.

✤ **비누:** 목욕을 자주 할 수는 없을 테지만, 그래도 비누를 가져가야겠
다면 고체 비누를 가져가자. 미소중력 상태일 때, 액체 비누는 문제
를 일으킬 때가 많다.

✤ **클렌징 티슈:** 얼굴에서 분비된 피지를 닦아내면 오히려 피지 분비가
촉진되지만 여행자는 대부분 더러워진 피부를 견디지 못한다.

✤ **드라이 샴푸:** 이 유능한 가루 샴푸만 있으면 물을 쓰지 않아도 두피
에 묻은 기름을 제거할 수 있다.

✤ **옷:** 박테리아 번식을 억제하고 냄새를 흡수하고 피부 트러블을 막
는 옷을 준비하자.

✤ **카메라:** 달을 배경으로 찍은 사진을 집에 가져와 친구들의 부러움

을 사지 않을 거라면 군이 우주여행을 떠날 이유가 있을까? 혹독한 환경에서도 견딜 수 있는 내구성 강한 카메라를 가져가자.

**✚ 노트북:** 사용하다가 문제가 생기지 않도록 방사능에 강한 제품을 가져가야 한다.

**✚ 치약과 칫솔:** 칫솔은 어떤 종류를 가져가도 상관없지만 칫솔질 하는 방법은 지구에서와는 완전히 다르다. 물이 든 주머니를 준비하고 칫솔에 물을 묻히자. 물을 살짝 짜서 묻히면 된다. 그다음에는 칫솔에 치약을 살짝 묻히자. 그 위에 다시 물을 조금 묻히고 이를 닦고 꿀꺽 삼킨다. 이를 닦는 동안 입안에서 액체가 한 방울이라도 튀어나와 둥둥 떠다니지 않도록 조심해야 한다.

**✚ 속옷:** 우주에서 가장 상쾌한 일은 깨끗한 속옷으로 갈아입는 것이다. 우주에서는 속옷을 갈아입을 기회가 거의 없을 테니, 지구에 있을 때 마음껏 갈아입자. 일본인 우주비행사 와카타 코이치若田光一(1963~)는 은을 넣은 항박테리아 속옷 한 벌로 아무 문제 없이 국제우주정거장에서 두 달 동안 지낼 수 있었다.

**✚ 잠옷:** 마음의 안정을 찾고 체온을 조절하려면 편안한 잠옷은 필수이다.

**✚ 운동복:** 골다공증을 막으려면 자주 운동해야 한다.

**✚ 멋진 외출복:** 치마와 드레스를 가져가면 재미있을 것이다. 단, 영화 〈7년만의 외출The Seven Year Itch〉에서 지하철 환풍기 위에 서 있던 마릴린 먼로처럼 자꾸 위로 올라오는 치마를 끌어내릴 각오는 하는 게 좋다.

**✚ 보석류와 장신구:** 목에 딱 달라붙는 초커나 귓불에 꼭 달라붙은 귀

걸이, 신발을 벗어야만 드러나는 발찌처럼 치렁치렁 늘어나지 않고 둥둥 떠다니지 않을 장신구를 가져가자. 감전되고 싶지 않다면 길게 늘어진 귀걸이나 목걸이는 물론이고 금속으로 만든 장신구도 차면 안 된다.

**✚ 기념품:** 보통 휴가지에서는 기념품을 사 가지고 오지만 우주 휴가지에서는 평범한 물건도 아주 귀중한 기념품이 될 테니 우주로 휴가를 떠날 때는 기념품을 가지고 가야 한다. 국제우주정거장을 방문하는 사람들은 개인 소지품 가방을 한 개씩만 가지고 갈 수 있다. 가로, 세로 길이가 모두 7.5cm 정도 되는 이 조그만 가방에는 개인 소지품을 700g 정도까지 담을 수 있는데, 보석이나 사진, 여행지로 가져갈 기념품 등을 담으면 된다. 더 먼 곳으로 여행할수록, 가져 갈 수 있는 물건은 적어진다.

지구에서 짐을 꾸릴 때는 사실상 아무 제한 없이 사용할 수 있는 공기를 우주에서는 거의 사용할 수 없음을 명심해야 한다. 가져가는 짐이 많아질수록 물이나 공기를 제공하고 노폐물을 처리할 수 있는 장비를 놓을 공간이 줄어든다는 사실을 명심하자.

##  우주에서의 옷차림

여행자마다 가져가는 옷의 종류가 다를 테지만 우주를 여행하는 사람이라면 반드시 가져가야 하는 옷이 있다. 우주복 말이다. 사람의 몸이 버틸 수 없는 우주에서 우주복은 인체가 제대로 작동할 수 있는 미소환경을 만들어준다. 다시 말해서 우주복은 '입는 우주선'인 셈이다.

우주복은 반드시 수분을 흡수하고 체온을 조절하고 숨 쉴 공기를 유지하고 방사선을 막을 수 있어야 한다. 좋은 우주복이라면 자잘한 우주 자갈(미소운석 micrometeorite )에 살짝 부딪쳐도 버틸 수 있을 정도로 튼튼해야 한다. 우주 자갈은 총알보다도 빠른 속도로 날아와 생명을 위협할 정도로 큰 부상을 입힐 수 있다.

우주복에 첨단 기술을 모두 장착하려면 많은 돈이 든다. 미국연방항공국 Federal Aviation Administration 이 승인한 '우주선 외부 활동용 우주복 Extravehicular Mobility Unit '은 가장 저렴한 제품도 200만 달러는 족히 된다. 미국항공우주국은 이미 보유하고 있는 우주복을 유지하는 데에만 해마다 수백만 달러를 지출한다. 우주복은 개별 단위로 구성되어 있으므로 친구들끼리 필요한 부분을 교환하면 전체 구입비용을 절감할 수 있다. 여행 일정을 어떻게 짜느냐에 따라 각 휴가지의 독특한 공기와 기온, 압력과 중력을 조절할 수 있는 우주복을 별도로 준비해야 할 수도 있다.

아직은 실험 단계이지만 착용했을 때 가장 편하고 몸에 착 달라붙는 바이오슈트 BioSuit 를 구입해도 된다. 바이오슈트는 우주복 안에 공기를 가득 주입하는 대신, 전기 센서를 장착해 피부가 가장 편안하게 느끼는 압력을 찾는다. 섬유에 전기회로를 심는 최첨단 기술을 이용해 만든 바이오슈트는 신체가 움직일 때마다 적절한 강도로 신체를 조여준다. 진공 속에서 몸을 최대로 편안하게 움직일 수 있는 방법은 바이오슈트를 입는 것이다.

우주복을 구입할 때는 치수는 적당한지, 움직일 때 불편하지는 않은지 철저하게 점검하고, 장비까지 갖춰 입은 상태로 우주 공간을 재현한 진공실로 들어가봐야 한다. 우주복을 입고 움직임을 점검할 때는 몸을 굽힐 때 살이 집히는 부분은 없는지 확인해야 한다. 우주복소매가 목발처럼 겨드랑이를 파고들면 안 된다. 몸의 움푹 파인 부분은 우주복에 집힐 수 있는데, 남자의 경우 특히 사타구니 부분이 그렇다. 무릎 뒤쪽이나 팔꿈치 안쪽도 문제가 될 수 있으니, 우주복을 구입할 때는 각 부분에 문제가 없는지 세심하게 살펴야 한다.

장갑도 품질이 좋고 손에 꼭 맞는 제품으로 구입해야 한다. 손목을 자유롭게 움직일 수 있는 제품이 좋다. 손가락 끝까지 맞아야 하고 손가락 사이에 있는 피부에는 장갑이 닿지 않아야 한다. 장갑에는 쓸모없는 공처럼 부풀어 오르지 않도록 손바닥에 막대를 대는데, 이 막대가 살을 집지 않는지도 확인해야 한다. 장갑을 착용한 상태로 얼마나세게 물건을 잡을 수 있는지, 얼마나 정확하게 물건을 조작할 수 있는지, 얼마나 정확하게 손을 사용할 수 있는지도 살펴봐야 한다. 반쯤공기를 채운 풍선 안에 손을 넣고 루빅큐브를 맞춰보면 적절한 장갑을 선택했는지 알 수 있다.

##  우주선에서는 무엇이 달라질까?

우주선을 타고 가는 동안 한두 번 정도는 아기 우는 소리나 무례하게 구는 승객을 참아야 할 테고, 온몸을 꽉 죄는 좌석에서 장시간 버틸 수도 있어야 한다. 로켓 우주선을 타고 비행하는 일은 제트 비행기를 타고 비행하는 것보다 훨씬 신나지만 동시에 괴롭기도 하다. 로켓우주선을 타고 여행한다는 것은 몸에 생긴 변화를 처리하려고 애쓰는 동안 낯선 사람들과 함께 새로운 환경 속에서 익숙하지 않은 생활을 해야 한다는 뜻이며, 평생 동안 집이라고 불렀던 행성이 주는 안락한 중력을 전혀 느낄 수 없다는 뜻이기도 하다.

## ○─ 중력

태어나서 처음으로 발걸음을 떼는 순간부터 지구인은 중력 1G에서 살아간다는 것이 어떤 의미인지를 직관적으로 안다. 지구인들은 지구가 끊임없이 자신을 끌어당기고 자신이 지구를 끌어당기는 상태를 '자연스러운' 중력 상태로 인지한다. 1G는 전적으로 신뢰할 수 있다. 뉴욕에서 몸무게를 잰 사람은 도쿄에 있는 체중계의 눈금도 같은 숫자를 가리킬 것이라는 사실을 안다(물론 비행기 안에서 간식을 먹었다면 이야기는 조금 달라지겠지만). 하지만 달이나 다른 행성에서 재는 몸무게는 지구에서 재는 몸무게와 다를 것이다. 어떤 여행지에 가느냐에 따라 지구보다 중력이 엄청나게 센 곳도 있고 훨씬 약한 곳도 있고, 아주 극미한 곳도 있고, 사람이 직접 중력을 만들어야 하는 곳도 있다.

## ○─ 고중력

당신이 타고 있는 로켓 우주선이 하늘로 치솟는 동안 당신은 지구 중력보다 두세 배는 강한 힘에 이끌려 좌석 등받이에 찰싹 달라붙게 될 테고, 빙글빙글 돌아가는 거대한 놀이기구에 탄 것 같은 기분을 느끼게 될 것이다. 사실 사람은 1G를 훌쩍 넘기는 중력을 감당할 수 있으며 즐길 수도 있다. 하지만 중력이 지나치게 높아지기 시작할 때 나타날 수 있는 위험 증상은 알아두는 편이 좋다.

고중력 상태에서는 혈액의 흐름이 바뀌기 때문에 눈이, 그중에서도 망막이 아주 예민해진다. 먼저 시력이 약해지고 색을 구분하는 능력이 떨어져 마치 흑백 텔레비전을 보고 있는 것 같은 시각 상실 상태가 된다. 그 뒤에 나타나는 것은 '터널 시야tunnel vision' 증상으로, 터널 안에서 터널 입구를 바라보는 것처럼 시야가 좁아진다. 그다음에는 앞이 완전히 껌껌해지고 결국 고중력 때문에 의식을 잃고 기절하게 된다. 만약 중력이 아주 빠른 속도로 증가한다면 당신은 무언가 잘못됐다는 사실을 눈치채기도 전에 기절할 것이다.

중력이 신체의 모든 부위에 동일하게 작용한다는 생각은 하지 말자. 머리부터 발끝으로 작용하는 중력은 가슴부터 등으로 작용하는 중력보다 훨씬 치명적일 수 있다. 우주선이 출발할 때 탑승객이 지면과 나란한 방향으로 눕는 이유는 그 때문이다.

당신은 출발을 앞두고 몇 주 정도는 중력을 이기는 훈련을 하고 싶을지도 모르겠다. 자, 방법을 알려주겠다. 일단 팔다리, 가슴과 배를 비롯한 온몸의 근육에 힘을 주어 수축해보자. 깊이 숨을 들이마시고 "히크"라고 말하면서 기도를 닫아보자. 그대로 3초 동안 숨을 참았다가 재빨리 숨을 내뱉어야 한다. 이는 고중력 상태에서 뇌가 혈액을 필요로 할 때 피가 다른 곳으로 빠져나가는 것을 막아주는 동작이다.

## ○─ 미소중력

로켓 우주선은 출발하고 10분쯤 지나면 엔진을 끄는데, 이때 탑승객은 납처럼 무거웠던 몸이 깃털처럼 가벼워짐을 느낄 수 있다. 움직여도 될 만큼 안전해지면 안전벨트를 풀고 좌석에서 벗어나 떠다녀보

자. 무중력의 세계로 들어온 걸 환영한다!

　지구 위 높은 곳에 있는 궤도에 들어서면 미소중력 상태를 경험하게 된다. 그렇다고 대기권을 벗어나자마자 지구 중력이 완전히 사라진다는 뜻은 아니다. 뉴욕 시에서 수도 워싱턴까지의 거리인 지상 400km 정도 위에서도 지구의 중력은 지표면 중력의 90% 정도까지는 남아 있다. 지상 400km 높이로 탑을 하나 세우고 그 꼭대기에서 공중으로 걸어 나가면 돌멩이처럼 땅을 향해 떨어질 것이다. 하지만 당신과 우주선은 시속 2만 7360km 정도의 속도로 지구 주위를 돌고 있다. 그래서 밑으로 떨어지는 동안에도 땅에 부딪치지 않고 계속해서 원운동을 할 수 있다. 또한 당신과 우주선이 땅을 향해 떨어지는 속도가 같기 때문에 우주선 탑승객들은 무중력 상태를 경험할 수 있다.

　미소중력은 신체에 이상한 영향을 미친다. 우주에서 보내는 처음 며칠 동안은 '뚱뚱한 얼굴, 닭의 다리'라는 증상으로 고생할 것이다. 볼은 부풀어 오르고 다리는 가늘어지는 현상인데, 신체가 중력이 존재하던 곳에서 하던 대로 피를 몸 위쪽으로 올려 보내기 때문에 생기는 증상이다. 평소에 키가 컸으면 하고 소망했던 사람에게는 좋은 소식이기도 하다. 체액이 위로 올라가면 척추 사이에 있는 공간이 늘어나 키가 커진다.

## ○─ 저중력

　행성 주위를 도는 위성들과 몇몇 행성은 지구보다도 중력이 작다. 힘껏 던진 공도 아주 느리게 날아가지만 딱딱한 골프공도 한번 맞추면 400m쯤 날려 보내는 일쯤은 식은 죽 먹기인 저중력 공간을 가정해보자. 걷고 뛰고 일상을 영위하는 법을 배우는 동안 당신은 똑바로 서 있다고 생각할 때도 어느 정도는 옆으로 삐딱하게 기울어져 있을 것이다. 저글링이나 높이뛰기 같은 평범한 재주도 낯선 활동이 될 테고, 몇몇 소행성이나 혜성에서는 큰 힘을 들이지 않고도 장애물을 훌쩍 뛰어넘을 수 있다.

## ○─ 인공중력

진공인 우주 공간에서도, 행성이나 위성에서도, 사람에게 꼭 맞는 중력은 찾지 못할 것이다. 고중력 상태에서는 감각이 제대로 기능하지 못하기 때문에 다치기 쉽다. 저중력 환경인 위성에 오래 머물면 뼈가 약해질 수 있다. 일반적으로 미소중력 상태인 우주 공간에서는 적어도 하루에 두 시간은 운동을 해야 근육위축증muscle atrophy을 막을 수 있다.

이 모든 문제를 가장 효율적으로 해결할 수 있는 한 가지 방법은 인공중력을 만드는 것이다. 원리는 간단하다. 우주선을 회전목마처럼 빙글빙글 돌리면 된다. 회전하는 우주선에서는 바깥쪽에 중력장이 형성된다. 생성되는 인공중력의 강도는 우주선의 크기와 회전 속도가 결정한다.

양질의 인공중력이란 머리부터 발끝까지 균일한 중력이 작용한다는 뜻이다. 가장 자연스러운 중력을 만드는 방법은 거대한 우주선이 거의 느끼지도 못할 정도로 천천히 회전하는 것이다. 저렴하고 작은 우주선이 강한 중력을 만들어내려면 아주 빠른 속도로 회전해야 한

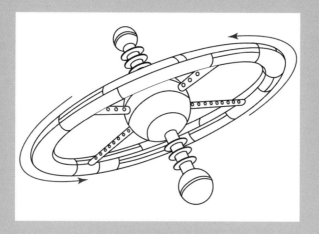

미국항공우주국에서 구상한 회전하는 우주선의 초기 버전

 **우주에서 멀미를 한다면…….**

우주로 나가는 사람은 누구나 멀미를 한다. 지구에서는 험난한 파도가 치는 바다 위에서도 끄떡없는 사람이라고 해도 우주에 나가면 우주 멀미를 피하기가 쉽지 않다. 우주선이 출발하기 전에 반드시 단백질을 조금 섭취하고, 가능한 아늑하게 좌석벨트를 조여 몸을 고정하자. 머리를 고정하고 출발한 뒤로는 최소한 며칠 정도는 한 방향만 바라보고 있어야 한다. 신경계가 새로운 상황에 완전히 적응하기 전까지는 무중력 텀블링을 시도해서는 안 된다. 우주 멀미 방지약을 먹거나 패치를 붙이자. 항히스타민제도 도움이 된다. 멀미에 대비해 비닐봉지를 들고 있는 건 조금도 부끄러운 일이 아니다. 우주에서는 아무 데나 토한 뒤에 치우는 것만큼 끔찍한 일도 없다. '나는 왜 이럴까'하고 자책할 필요도 없다. 전문 우주 비행사들도 우주에서 토하는 건 다반사니까.

다. 이 경우 탑승객들은 어지럼증을 느낄 수 있다. 뼈가 약해지는 걸 방지하려면 예산이 빠듯하더라도 가끔은 인공중력을 만들어야 한다.

##  건강을 잃지 않고 여행하는 법

우주 휴가지에서 만나는 낯선 시간대, 낯선 음식, 낯선 기후에 어느 정도로 적응할지는 그 누구도 예측할 수 없다. 온몸의 감각이 방향을 잃고 낯설어하는 환경에서 당황하다 보면 잠을 자고 먹고 화장실에 가는 것처럼 단순한 일도 쉽게 할 수 없다. 잠깐 밖으로 나가서 걸을 때에도 무거운 공기통이 필요하다. 그 뿐만 아니라 생명 조절 장치를 점검하고 우주복에 새는 곳이 없는지도 살펴봐야 하는 상황에서는 잘 쉬고, 잘 먹고, 운동하는 일이 아주 중요하다. 우주에서는 아주 작은 실수로도 생과 사를 결정하는 질병에 걸릴 수 있다.

## ○─ 음식과 영양

솔직히 말해서 우주에서 무언가를 먹는 행위는 그다지 감동적이지 않다. 저중력 상태에서는 코가 막히기 때문에 감기에 걸렸을 때처럼 냄새를 맡지 못해 맛도 제대로 느끼지 못한다. 하지만 걱정할 필요는 없다. 곧 물을 부어서 불려 먹는 포장 음식에 익숙해질 테니까. 뜨거운 소스를 부어 먹으면 맛도 향미도 조금은 좋아질 것이다. 어쩌면 곤충이 나오는 식사 시간을 고대하게 될지도 모른다. 곤충은 훌륭한 단백질원으로, 오랜 기간 우주를 여행할 때도 사육할 수 있다. 아주 특별한 경우에는 과즙이 풍부한 온실 토마토나 아삭한 상추도 먹을 수 있다. 하지만 대개 부피에 비해 열량이 높은, 압축 건조한 음식을 먹어야 할 것이다. 비타민 보조제를 먹어 부족한 영양분을 보충하는 것이 좋다.

우주에서 요리를 하는 행위는 아주 고통스럽다. 저중력 상태일 때, 가스레인지나 전기스토브는 위험할 수 있으니 전자레인지와 인덕션 스토브를 사용하자. 음식물 부스러기나 액체가 눈에 들어갈 수도 있고 잘못하면 전자 제품 안으로 흘러들어갈 수도 있으니 물을 부어 먹는 음식이나 음료를 다룰 때는 액체가 흩어지지 않도록 조심해야 한다.

우주를 여행할 때는 마실 물뿐만 아니라 몸을 씻고 이를 닦고 심지어 화장실에서 사용한 물까지도 여과 장치로 거르고 증류해 다시 사용해야 한다. 우주선 내부에 습기를 더하는 땀과 호흡할 때 나오는 수분도 응결해 다시 활용해야 한다. 소변 맛이 나는 물을 마시고 싶지 않다면 정기적으로 수분 재활용 장치를 점검해야 한다.

## ○─ 잠자기

우주에서 자는 잠은 기이하지만 지구에서 쌓인 피로를 회복할 수 있는 아주 좋은 기회이기도 하다. 우주여행에는 도가 튼 여행자들은 미소중력이 무척 근사한 매트리스라고 증언한다. 우주에서 잘 때는 베개가 필요 없고, 사실상 아무 곳에나 머리를 눕히고 자면 된다. 몸을 붙일 수 있는 벽, 침낭, 밤새 떠돌아다니지 않도록 침낭을 묶을 끈만 있으면 잠을 잘 준비는 되었다. 우주에는 위와 아래라는 구분 자체가 없기 때문에 그냥 원하는 방향을 보면서 자면 된다. 일단 잠이 들면 팔과 다리는 좀비처럼 살짝 앞으로 뻗고 머리도 앞쪽으로 숙여질 것이다. 쉽게 잠이 드는 사람은 조심해야 한다. 피곤한 사람은 움직이지 않는 물체에 몸을 단단히 묶고 자야 한다. 안 그랬다가는 둥둥 떠올라 머리를 찧고 말 것이다.

눈을 감고 잠을 청하면 갑자기 눈앞에 밝은 빛이 보일 것이다. 파파라치가 따라와 사진을 찍는 것은 아니니 안심해도 된다. 그 빛은 안구를 통과해 지나가는 우주선 cosmic ray 이다. 우주선이 몸을 통과해 지나가다니, 왠지 기이하게 느껴질 수도 있지만 그 조그만 입자들이 우리 머릿속에서 죽으려고 저 먼 은하에서 오랫동안 우주를 날아왔다는 사실을 생각해보면 왠지 마음이 평온해질지도 모르겠다.

마지막으로 함께 여행하는 사람들과 친해지라고 조언하고 싶다. 우주에서는 지구에서의 일상을 영위하기가 힘들다. 우주선 안에서는 조

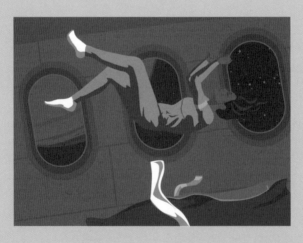

우주선에서는 꼭 몸을 고정하고 잠을 청하자.

금만 충격을 받아도 멀리 날아갈 수 있으니, 되도록 다른 사람들과 붙어 자는 것이 좋다. 많은 사람이 바짝 붙어서 자는 상황이 당혹스러울 테다. 혼자 잘 수 있기를 간절히 바라겠지만, 함께 붙어 자는 것을 새롭고도 흥미로운 도전이라고 생각하고 받아들이자.

## ○─ 시력

미소중력은 안구에 좋지 않은 영향을 미친다. 시신경이 부풀어 올라 눈 뒤쪽을 누르기 때문에 시야가 조금 흐려진다. 신체의 다른 부위와 달리 눈은 지구로 돌아간 뒤에도 이전 상태로 회복되지 않는다. 심각하게 문제가 될 정도라면 시력을 교정해야 한다.

눈에 무언가가 들어갔다거나, 당연히 그럴 테지만 '나는 누구이고 왜 여기에 있는가?'라는 실존철학적인 의구심이 생기면서 왠지 무서워진다면 가끔은 펑펑 울어도 된다. 그런데 우주에서는 눈물이 방울방울 떨어지지 않고 눈에 가득 고일 것이다. 그렇다고 해도 걱정할 이유는 전혀 없다. 그저 눈을 살짝 눌러서 눈물이 흘러나오게 한 뒤에 카타르시스를 즐기면 되니까.

## ○─ 위생 관리

우주선에서는 내부 공기를 여과하고 실내 기온은 23℃ 정도로 유지하기 때문에 땀이 많이 나지는 않지만 위생 기준을 다시 생각할 필요는 있다. 우주에서는 지구에서와 달리 옷이 쉽게 더러워지지는 않는데, 옷 한 벌을 아주 오래 입어야 한다는 사실을 생각해보면 아주 좋은 일이다. 장기간 우주를 여행할 때는 물을 최소로 사용해 씻거나

우주에서 빨래하기, 참 쉽죠?

물에 적신 타월로 몸을 닦거나 그저 오랫동안 씻지 않으면 된다. 씻지 않는 쪽을 택했는가? 5일 정도 지나면 신체 분비물 때문에 옷이 흠뻑 젖어서 더는 땀을 흡수할 수 없게 될 것이다. 그때부터는 피부가 갈라지고 고약한 냄새가 날 테지만, 다행히 사람의 후각은 쉽게 무뎌지니 크게 걱정할 일은 아니다.

옷을 갈아입으려고 시도할 때마다 피지 분비가 늘어날 것이다. 그러니 되도록 오랫동안 옷을 갈아입고 싶다는 충동을 억제하자. 8일 정도만 지나면 적응을 해서 더는 냄새 때문에 괴롭지 않을 것이다. 시간이 흘러 더는 옷을 입지 못할 정도가 되면 국제우주정거장에 거주하는 우주비행사들처럼 그저 우주선 밖으로 옷을 버리면 된다.

## ○─ 화장실

우주에서 화장실에 가려면 어느 정도는 연습이 필요하니 시간을 들여서 훈련해두자. 저중력 화장실에서는 그저 흡입기를 이용해 배설물을 곧바로 버리면 된다. 액체 배설물은 재활용 장치로 보내 여과하고 고체 배설물은 그대로 버린다. 여행 기간이 길어 그 시간 동안 우주선 안에서 작물을 기를 생각이라면 고체 배설물을 비료로 사용할 수도 있다. 지구와 달리 중력의 도움을 받지 못하는 곳에서는 뱃속 배설물을 밀어내는 일도 조금은 시간이 걸린다는 사실을 알게 될 것이다.

## ○─ 정신 건강

비좁은 선실에서 장기간 여행하다 보면 인내심에 한계가 올 때가 있다. 장기간의 우주여행을 버틸 수 있을지 모르겠다는 생각이 들면 출발하기 전에 '서브스크린SUBSCREEN' 테스트를 받아보자. 1980년대에 개발한 서브스크린 테스트는 미 해군이 잠수함 승무원을 선발할 때 바다 밑에서 몇 달 동안 생활할 수 있는지를 알아보기 위해 만든 평가 방법이다. 하지만 걱정할 필요는 없다. 테스트를 받은 사람 가운데 97%는 아무 문제 없이 통과했으니까. 물론 여행을 떠나면 정기적으로 정신 건강 검진을 받아야 한다. 오랜 우주여행은 사람의 정신에 이상한 방식으로 영향을 미칠 수 있다.

## ○─ 방사능

국제우주정거장에서 생활하는 우주비행사들에게 쏟아지는 우주 방사능은 대부분 지구 자기장이 막아준다. 우주 방사능은 DNA를 손상시켜 암을 유발할 수 있다. 방사능이 뇌에 영향을 미치면 '우주 뇌 space brain'라고 하는 심각한 뇌 손상이 일어날 수도 있다. 우주 뇌는 불안, 우울, 결정 장애, 기억력 감퇴 같은 증상을 보인다. 함께 우주선을 타고 있는 탑승객이 조금 이상한 행동을 하기 시작했다면 뇌가 손상된 것은 아닌지 점검해보아야 한다. 우주 방사능을 피하는 가장 좋은 방법은 방사능을 제대로 막아줄 우주선을 타고 우주복을 입는 것이다. 지구에 있는 집을 떠나지 않는 것도 한 방법이다.

##  우주에서 죽을 수 있는 경우의 수

우주에서는 다양한 방식으로 죽을 수 있다. 따라서 지구를 떠나기 전에 중요한 일들은 마무리하고 가자.

우주에서 죽을 수 있는 방법은 다음과 같다.

✚ **산소 결핍:** 적혈구가 운반하는 산소가 있어야 사람은 신체 활동에 필요한 에너지를 만들 수 있다. 따라서 사람은 끊임없이 산소를 공급받아야 한다. 산소가 있는 행성도 있기는 하지만 사람이 숨 쉴 수 있는 형태의 산소는 아니다.

✚ **기압 감소:** 기압이 급격하게 낮아지면 죽을 수 있다.

✚ **독가스:** 수많은 행성과 위성의 대기는 독성 기체로 이루어져 있기 때

문에 피부에 문제가 생길 수도 있고 끔찍한 화상을 입을 수도 있다.

**+ 산 채로 불에 타기:** 우주선에서는 불이 나도 대개 도망칠 곳이 없다.

**+ 추락:** 미소중력 상태일 때는 위와 아래의 구분이 없기 때문에 높은 곳에서 떨어져서 다칠 염려가 없다. 하지만 저중력 상태에서는 추락하면 다칠 수 있다.

**+ 홀로 남겨지기:** 외진 장소에 떨어진 사람을 구출할 수 있는 긴급 구출 시스템이 갖추어져 있다는 이야기는 들어본 적이 없다. 또 가끔은 다수의 안전을 위해 소수의 희생을 요구할 수도 있다.

**+ 식량 고갈:** 지구가 아닌 우주 환경에서는 음식을 구하기가 쉽지 않다. 음식이 떨어지지 않기도 쉽지 않다.

**+ 동사 혹은 저체온증:** 흔히 추운 곳이라고 하면 태양계 외부 지역을 생각할 테지만, 태양 가까이 있어도 공기가 없는 우주에서는 그늘 진 곳에 들어가는 순간 급속도로 온도가 떨어질 수 있다.

**+ 약해지는 뼈:** 꾸준히 운동을 하지 않으면 뼈는 점점 더 약해진다.

**+ 폭발:** 조그만 폭발도 급격한 속도로 퍼져 우주선을 파괴하는 큰 재앙으로 바뀔 수 있다.

**+ 원자력 사고:** 원자력은 외부 행성으로 향하는 오랜 우주여행에서 빛을 밝힐 에너지원인데, 언제라도 큰 사고가 날 수 있다.

**+ 소행성 충돌:** 주변을 세심하게 관찰해 우주선을 향해 날아오는 소행성을 일찌감치 발견할 수 있기를 바란다. 하지만 우주는 예측 불가능한 일로 가득 차 있다.

태양계에는 위성이 아주 많지만 '달'이라고 부를 수 있는 위성은 단 하나, 지구를 도는 위성뿐이다. 달은 지구라는 행성의 역사가 시작된 초기에 화성만 한 우주 암석이 지구와 충돌하면서 생성됐다. 거대한 두 천체가 부딪치면서 발생한 열에 녹은 암석들이 지구 대기 밖으로 밀려 올라간 뒤에 회전하는 고리를 형성했다가 결국에는 위성의 형태로 응축되어 지구 둘레를 돌게 되었다.

지구의 하늘 위에 떠 있는 달은 지구인에게는 친숙한 장소이다. 하지만 실제로 달을 방문한 사람들은 그 모습이 너무 낯설어 놀라게 된다. 아폴로 호 우주 비행사 버즈 올드린Buzz Aldrin (1930~)은 "그곳에는 나로서는 전혀 생각지도 못한 삭막함이 펼쳐져 있었다. 황량한 구릉이 보였고, 지평선은 놀라울 정도로 가까웠다."라고 했다.

장거리 우주여행을 떠나는 사람들이 보통 첫 번째 여행지로 택하는 달은 처음으로 기이한 저중력 세계를 체험하고 진공 상태에서 생활하는 법을 익힐 수 있는 여행 장소이다. 소박한 초승달 모양의 지구를 구경하고, 달 호퍼를 타고 아폴로 11호가 착륙했던 역사적 장소(고요의 바다)에 가보자. 몸무게는 6분의 1로 줄어들고 공기는 없는 곳에서 힘들여 걷는 법도 배워보고 운동 경기도 해보자.

너무나 친숙하지만 너무나 낯선
**달**

Moon

지름: 지구 지름의 25%

질량: 지구의 1%

색: 밝은 회색

공전 속도: 시속 3700km

중력이 끄는 힘: 몸무게가 68kg인 사람이 달에 가면 11kg이 된다.

대기 상태: 헬륨4, 네온20, 수소, 아르곤40이 소량 존재한다.

주요 구성 물질: 암석

행성 고리: 없다.

위성: 없다.

기온(최고 기온, 최저 기온, 평균 기온): 116℃, -179℃, -20℃

하루의 길이: 708시간 54분

1년의 길이: 지구 시간으로 1년

지구 둘레를 한 바퀴 도는 시간: 27일 정도

태양과의 평균 거리: 약 1억 4970km

지구와의 평균 거리: 약 35만 7200~40만 7200km

편도 여행 시간: 3일 소요

지구로 보낸 문자 도달 시간: 1.3초

계절: 아주 조금 변한다.

날씨: 없다.

태양 광선의 세기: 지구와 거의 동일하지만 훨씬 강렬하다.

특징: 남반구에 있는 티코 크레이터

추천 여행자: 잠깐 들러볼 사람

## 달에 가보기로 결심했다면 🌙

 **날씨를 알아두자**

　달에는 대기가 없기 때문에 날씨가 없으며, 평온한 환경은 많은 사람에게 휴식을 제공한다. 달에서는 계절 변화도 걱정할 필요가 없다. 달은 자전축이 아주 살짝(1.5도) 기울어져 있기 때문에 1년 내내 어디에 있건 거의 비슷하게 태양 빛이 내리쬔다. 달에서 예상치 못한 폭풍을 만날 염려는 하지 않아도 된다. 하지만 기온 변화는 아주 커서 낮에는 116℃까지 올라가고 밤이면 -179℃까지 떨어지기 때문에 외부에서 활동할 때 입을 옷을 고르기가 쉽지 않다. 달에서 밖에 나간다는 것은 낮에는 지구에서 가장 뜨거운 사막에 있는 것과 같고 밤에는 남극에 있는 것과 같다. 다행히 이런 극적인 기온 변화는 지구 시간으로 14일 정도에 한 번씩만 일어나기 때문에 새로운 환경에 적응할 시간은 충분하다.

　본질적으로 우주는 아주 추운 곳이다. 어디를 가든지 추위도 너무 추운 시기를 경험할 수 있다. 달에도 태양계 어느 곳 못지않게 추운 곳이 있는데, 그런 장소의 온도는 -240℃로, 명왕성의 평균 기온과 비슷하다. 이런 극강 온도를 사랑하는 사람이라면 달의 남극으로 가면 된다. 남극에 있는 크레이터는 아주 깊어서 태양 광선이 닿지 않아 온도가 아주 낮다.

좀 더 온화한 환경이 좋은 사람이라면 달에서 동이 틀 무렵에 밖으로 나가보자. 단, 달의 여명기에는 '달 지진moonquake'이 발생할 수도 있으니 조심하자! 달 지진은 꽁꽁 얼어붙은 달의 지각이 14일 만에 처음으로 햇살을 받고 갈라지면서 발생한다. 보통 달 지진은 표면 깊은 곳에서 시작하거나 운석이 충돌했을 때 발생하는데, 대부분은 강도가 약해 큰 피해 없이 지나간다. 지하 16km나 32km 깊이에서 달 지진이 발생하면 무거운 가구가 덜그럭거리며 움직이거나 건물이 흔들린다. 달은 건조하고 추운 장소이기 때문에 달 지진은 종을 칠 때 나는 소리를 내며 10분 정도 지속된다. 밖에 나갔을 때 달 지진을 만나더라도 공포에 떨 필요는 없다. 침착하게 계속 달 탐사를 즐기자.

달에서 경험할 수 있는 모든 일을 즐기고 싶다면 달 시간으로 하루 동안 달에 머물자. 하루라고 하지만 사실 생각보다 긴 시간이다. 달의 하루는 지구 시간으로 거의 30일에 해당한다. 그러니 하루 정도면 달의 앞면과 뒷면을 충분히 관찰할 수 있다.

##  언제 가야 좋을까?

아직 달에 가본 적이 없는 사람은 한시라도 빨리 출발하는 것이 좋다. 일단 책을 덮고 가까운 은하계 여행사에 전화를 걸어 달 여행을 예약하자. 왜 망설이는가? 달 여행을 가기에 지금처럼 좋은 시기는 없다. 달은 해마다 지구에서 3.81cm씩 멀어지고 있다. 8년 뒤에 출발하면 우주를 날아가야 할 거리가 30.48cm나 늘어난다.

달까지 여행을 한다는 것은 지구를 열 바퀴 도는 것과 같다. 지구에서 달까지는 딱 그 정도 거리이다. 로켓 우주선은 비행기보다도 훨씬 빠르기 때문에 출발하고 며칠만 지나면 달의 회색빛 표면을 100km 상공에서 보면서 놀라워할 수 있다. 달은 밤이 아주 길다. 보고 싶은 장소가 있다면 태양이 떠 있을 때 볼 수 있도록 미리 여행 일정을 짜두자. 지구 시간으로 한 달 동안 달에서 머문다면 가장 좋아하는 장소에서 햇살을 만끽할 수도 있을 것이다. 여행 일정을 짤 때는 일조량을 미리 알아보고 출발하자.

##  출발할 때 유의할 점

달 여행은 우주선 공항에서 시작된다. 우주선 공항은 비행기 공항과 조금도 다르지 않다. 하지만 우주선은 대부분 활주로가 아니라 발사대에서 출발한다. 로켓이 발사될 때 폭발하거나 충돌할 수도 있기 때문에 우주선 공항은 사막이나 물가에 짓는다. 우주선 공항 주변은 하늘이 맑고 대기도 쾌적하기 때문에 출발하기 전에 근처에 숙소를 잡고 며칠 이른 휴가를 즐기는 것도 좋다. 그때 즐기는 휴가가 지구에서의 마지막 기억이 될 수도 있다.

지구 중력에서 벗어나려면 우주선은 '지구 탈출 속도escape velocity'에 도달해야 한다. 지구 탈출 속도는 시속 4만 270km에 달하는 굉장히 빠른 속도이다. 그 정도로 빠른 속도에 도달하려면 철저하게 통제된 상황에서 로켓을 의도적으로 점화해야 한다. 우주선이 지구를 벗어나려면 지구 궤도에서 태양계 끝까지 날아갈 수 있는 연료의 절반 정도를 사용해야 한다. 한 늙은 우주여행자도 이렇게 말했다고 한다. "궤도에 진입하는 순간 여행의 절반은 끝난다." 적도 부근에서 출발하면 비용을 줄일 수 있다. 적도에서 동쪽으로 로켓을 발사하면 로켓의 추진 속도에 지구의 자전 속도를 더할 수 있다.

제트 엔진은 지구의 한쪽 끝에서 다른 쪽 끝으로 날아가는 데는 유용하지만 우주에서는 쉽게 구할 수 없는 재료를 사용해야 한다는 단점이 있다. 제트 엔진은 공기를, 그중에서도 공기에 들어 있는 산소를 사용해야 한다. 많은 로켓 우주선에서 사용하는 화학 로켓 연료는 연료를 연소할 산소를 직접 만들어낸다. 달까지 가는 여행은 거리가 짧으니 가는 도중에 연료가 떨어질 걱정은 하지 않아도 된다. 좀 더 먼 곳까지 여행할 때면 화학 로켓 연료로 사용할 재료를 구할 수 있는 여행지가 많으니 처음부터 연료를 모두 싣고 떠날 필요는 없다.

가장 먼저 달에 사람을 실어 나른 컴퓨터는 당신이 들고 있는 스마트폰보다도 훨씬 성능이 나빴다. 달 궤도로 들어가는 38만 6200km 정도의 여정은 3일이 걸리지만 달에 착륙하지 않고 그저 스쳐지나간다면 9시간이면 갈 수 있다. 달은 지구에서도 훤히 보이기 때문에 달을 향해 날아가면서 길을 잃기란 쉬운 일이 아니다. 그저 달이 있는 곳을 향해 곧장 날아가면 된다.

달을 향해 가는 동안에는 지구 자기장에 포획된 입자들이 모여 있는 '밴 앨런 복사대Van Allen radiation belt'를 조심해야 한다. 밴 앨런 복사대는 사람에게 주는 피해는 거의 없는 것 같지만 전자 장비에는 큰 피해를 줄 수 있다. 지상 위 650km에서 9500km 사이와 1만 3500km 에서 5만 8000km 사이에 강한 밴 앨런 복사대가 형성되어 있다. 아폴로 우주 탐사 계획을 기획한 과학자들은 밴 앨런 복사대가 우주 비행사들에게 나쁜 영향을 미칠지도 모른다고 걱정했지만, 복사대를 통과하는 동안 우주선에 탑재한 방사능량 측정기dosimeter로 측정해보니 우주선 내부는 안전했다. 밴 앨런 복사대를 지나는 동안 함께 탄 승객들과 숨 오래 참기 시합을 하는 것도 재미있을 것이다.

일단 달 궤도에 진입하면 샴페인을 터트리는 전통적인 축하 의식을 치르자. 단, 내부 압력이 낮은 우주선 안에서는 샴페인 병을 터트릴 때 큰 재앙이 발생할 수 있으니 조심해야 한다. 코르크 마개가 엄청난 속도로 튀어나가지 않도록 주의하고, 샴페인 거품이 사방으로 날아가지 않도록 조심해야 한다.

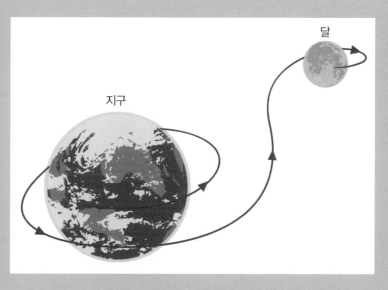

달은 며칠이면 다녀올 수 있는 가까운 휴가 장소이다.

## 🧑‍🚀 드디어 도착

생애 처음으로 달에 가까이 다가가는 동안 많은 사람이 느끼는 감정은 달이 너무나도 친숙한 동시에 너무나도 낯설다는 것이다. 달에 가까워지면 지구에서 보았던 친숙한 모습은 사라지고 서서히 광활하고 어두운 평원으로, 광대한 크레이터로, 울퉁불퉁한 산맥으로 바뀌어갈 것이다. 도착할 무렵이 되면 일부 승객은 달의 적도에 가까이 있는 낮은 궤도로 이동하려고 할 것이다. 하지만 서둘러 달의 지표면으로 내려가지는 말자. 달에는 높은 곳에서 내려다보았을 때 멋진 지형이 아주 많으며, 착륙한 뒤에도 많은 지형을 가까이에서 볼 시간은 충분하다.

달의 적도를 이용하지 않는 승객은 훨씬 경제적인 방법으로 달 표면으로 내려갈 수 있다. 우주 엘리베이터를 타고 내려가는 것이다. 엘리베이터의 시작점은 달 라그랑주 점 1 Lunar Lagrange point 1 , 즉 L1이다. L1은 지구와 달의 궤도 사이에 있는데, 달 쪽에 좀 더 가깝다. L1에는 지구와 달의 중력이 함께 작용해 달에 착륙할 때 이용할 수 있는 아주 안정적인 궤도가 형성되어 있다. L1에 있는 우주정거장에는 우주 엘리베이터가 있는데, 이 엘리베이터는 달 표면으로 늘어뜨린 아주 길고 강한 케이블에 매달려 있다. 승객들은 수화물을 들고 캡슐로 들어가 달 표면까지 천천히 엘리베이터를 타고 하강하게 된다. 로켓 우주선을 타고 직접 착륙하는 것보다 훨씬 저렴하고 효과적인 방법이지만 우주 엘리베이터는 미소운석에 부딪쳐 파손될 수 있으니 주의하자.

달의 앞면 쪽에서 하강한다면 반드시 뒤를 돌아 고향 행성을 바라보자. 짙은 어둠 속에서 섬세하고 아름다운 푸른빛을 발하는 고향 행

휴가를 떠나기 전에 머물었던 모든 장소를 사진 한 장에 담을 수 있다.

NASA/GSFC/ARIZONA STATE UNIVERSITY

성을 처음 보는 사람은 누구나 경이로움과 감동에 사로잡히게 된다. 하지만 정신을 바짝 차리고 반드시 고향 사진을 찍자. 사진을 찍는 동안 이 세상 전부를 손에 들고 있다는 느낌이 들 것이다.

　호텔에 도착하면 지구가 보이는 방을 달라고 하자. 그러면 완벽하게 원의 형태로 빛나는 지구도, 반짝이는 초승지구도, 반짝이는 별들을 배경으로 달의 그림자에 가려져 어두운 원이 되어버린 지구도 모두 볼 수 있다. 달은 언제나 같은 방향을 향하고 있기 때문에 호텔 방 창문에서 지구가 사라지는 일은 없을 것이다. 보름지구일 때만 밖으로 나온다는 달 늑대인간에 관한 소문은 지나치게 과장되어 있으며, 머리가 여러 개 달린 파하시대미세트Pahasydämiset 라는 뱀이 돌아다닌다는 소문도 사실과는 다르다(파하시대미세트에 관한 이야기는 사실 그다지 유명하지 않은 핀란드 설화와 관계가 있는 것 같은데, 우리가 아는 한 사람들이 꾸며낸 이야기이다). 초승지구일 때는 지구의 어두운 부분에서 빛나고 있는 인류 문명과 대륙의 윤곽선을 확인할 수 있다.

달 환경에 적응하는 동안 여행자로서 지켜야 할 예절과 규칙을 알아두고 싶을지도 모르겠다. 우선 에어로크airlock (실내 공기의 기압을 조절하는 기밀실-옮긴이)가 잠기지 않도록 주의해야 한다. 에어로크를 열어두는 일은 생과 사를 결정하는 아주 중요한 문제로, 외부에 나갔을 때 우주복에 작은 구멍이라도 나면 에어로크가 닫혀 있을 경우 생명을 잃을 수도 있다. 또 물은 언제나 부족하기 때문에 아주 적은 양이라도 허투루 버리는 일은 용서받지 못할 범죄이다. 그런가 하면 달에서 땅을 팔려는 사람도 조심해야 한다. 그 사람이 어떤 주장을 하건 간에 달의 토지는 그 누구도 사고팔 수 없다. 관광객에게 땅을 팔려는 사람은 모두 사기꾼이니 조심하자.

##  달에서 돌아다니려면

강한 중력의 영향에서 벗어났다는 것은 땅 위를 여행하는 전통적인 방법에서도 벗어났다는 뜻이다. 로버를 빌려서 월면을 돌아다닐 수도 있지만, 정말로 달을 잘 아는 사람들은 호퍼hopper 를 빌린다. 달에서 타는 호퍼는 잊을 수 없는 재미를 선사하기도 하겠지만 사실 먼 곳까지 이동하는 아주 효과적인 운송 수단이기도 하다. 달에서 빌릴 수 있는 호퍼는 아폴로 달착륙선이 사용한 호퍼와 동일한 기종으로 다리 네 개와 승객이 앉을 수 있는 좌석, 화물과 연료를 실을 수 있는 공간으로 이루어져 있다. 다리가 구부러지는 부분에는 스프링을 장착했기 때문에 연료를 분사하면 한 번에 아주 먼 곳까지 튀어 나갈 수 있다. 달에는 공기의 저항이 없기 때문에 글라이더를 매면 짧게는 120m까지, 길게는 480km까지 한 번에 도약할 수 있다. 월면을 이동하는 속도는 호퍼가 도약하는 힘과 도약하는 월면의 중력에 따라 달라진다. 먼 곳까지 여행을 다녀올 예정이라면 수소와 산소로 이루어진 연료 전지를 채울 수 있도록 연료 공급 장소가 어디에 있는지 확인하고 출발해야 한다.

로버로 움직이고자 한다면 달 표면에서 골프 카트 정도의 속도로 움직일 각오는 해야 한다. 달 로버의 최대 속도는 시속 19km 정도이다. 시속 16km의 속도로 쉬지 않고 달린다면 28일 정도면 달을 한 바퀴 돌 수 있다.

달은 대기가 없기 때문에 비행기로는 여행을 할 수 없다. 어떤 형태든 비행을 할 때는 로켓을 날릴 수 있는 연료가 필요하다. 달을 떠나는 비용은 결코 싸지 않다. 달의 중력을 이기고 탈출 궤도에 진입하려면 최소한 시속 8530km 정도로는 비행해야 한다.

 가볼 만한 곳들

○— 달의 앞면과 뒷면

　영국 밴드 핑크 플로이드의 주장과 달리 달에는 어두운 면dark side
이 없다. 극지방을 제외하면 달도 지구처럼 어느 곳이든 낮이 되면 환
해졌다가 밤이 되면 어두워진다. 낮이면 태양이 밝게 빛나는데, 하늘
은 어둡지만 별은 그다지 많이 보이지 않는다. 밤이 되면 태양은 보이
지 않고, 하늘에 떠 있는 별은 훨씬 많아지고 밝아진다.

　달에는 영원히 어두운 장소는 없지만 '동주기 자전tidal locking (한 천체
가 공전 주기와 동일한 속도로 자전하는 현상-옮긴이)'을 하기 때문에 지구
에서는 볼 수 없는 달의 뒷면이 있다. 지구의 중력은 달의 앞면과 뒷
면을 다른 세기로 잡아당긴다. 오랜 시간 불균등하게 잡아당기는 지
구의 중력 때문에 달은 옆 부분이 볼록해지고 자전 속도는 느려져서
언제나 같은 면을 지구로 향하게 되었다. 무언가를 자꾸 등 뒤로 숨기
려는 친구처럼 달도 지구 하늘 위에서 자꾸 옆걸음질 하면서 절대로
뒷면을 보여주지 않는다. 달이 인기 휴양지가 되기 전까지 달의 뒷면
에는 무언가 굉장한 것이 숨겨져 있다는 소문이 돌았는데, 그 소문은
지금까지도 완전히 사라지지는 않았다.

　달을 보면 알겠지만 달의 앞면은 마레mare (라틴어로 '바다'라는 뜻)라
고 부르는 평평한 지형이 뒷면보다 훨씬 많다. 달이 형성된 직후에 지
구가 계속해서 달의 앞면을 따뜻하게 지폈기 때문에 월면의 아랫부분

아리스타르코스
고원
달 알프스
평온의
바다
위난의
바다
비의 바다
15
17
코페르니쿠스
크레이터
고요의 바다
11
폭풍의 대양
16
12
14
뒷면
라이너 감마
아이트켄 분지
티코 크레이터
남극
🚀 아폴로 우주 탐사선 착륙 장소

달의 앞면과 뒷면은 처음 달을 방문하는 사람이나 이미 여러 번 방문한 사람 모두
즐길 수 있는 다양한 볼거리로 가득하다.

이 녹았다. 그 뒤에 수많은 소행성이 앞면을 강타하자 지각 밑에 녹아
있던 용암이 흘러나와 차갑게 식으면서 평원을 만들었다. 마레가 만
든 지형이 바로 지구인들이 달의 앞면에서 보는 남자의 얼굴(한국에서
는 흔히 방아 찧는 토끼라고 생각하는 형상-옮긴이)이다. 당신은 마침내 그
남자의 얼굴을 가까이에서 들여다볼 수 있게 된 것이다.

달의 뒷면에는 마레가 없는 대신에 어디에나 크레이터가 있다. 아
폴로 호의 우주비행사 윌리엄 앤더스William Anders (1933~)는 달의 뒷면
은 "우리 아이들이 들어가 노는 모래밭처럼 생겼다."라고 했다. 달의
뒷면이 앞면보다 울퉁불퉁한 이유는 우주 파편이 더 많이 충돌했기
때문이 아니라 녹은 표면이 앞면보다 빠른 속도로 식었기 때문이다.

덕분에 우리가 즐길만 한 오래된 크레이터가 많이 남았다. 달의 뒷면에서는 지구가 보이지 않는데, 많은 여행객이 달의 뒷면으로 가는 것은 바로 그 때문이다.

## ○─ 역사 유적지

역사를 좋아하는 사람이라면 아폴로 우주선 여섯 대가 착륙한 지점에 가보는 게 좋을 것이다. 특히 아폴로 11호가 착륙한 고요의 바다sea of tranquility 는 꼭 가야 한다. 1969년에 최초로 달에 발을 내디딘 닐 암스트롱Neil Armstrong (1930~2012)이 남긴 발자국은 완벽하게 보존되어 있으니 반드시 보고 오자. 놀랍게도 가장 처음 달을 방문한 사람들은 야구장보다 크지 않은 원의 지름을 걷기 위해 지구로부터 38만 4500km를 여행해왔다. 이 최초의 방문객들은 고작 22시간을 달에 머물면서 2시간 30분 동안 밖에 나와 흙을 차고 걷는 연습을 하고 집으로 가져갈 암석을 골랐다. 아폴로 11호 우주비행사들이 꽂아두고 간 미국 국기는 우주선이 떠난 뒤에 엎어졌고, 태양 광선과 방사선을 맞아 하얗게 바랬다. 그 뒤를 이어 달을 찾은 아폴로 우주선 비행사들에게는 골프 같은 좀 더 재미있는 활동을 할 수 있는 기회가 있었다.

중국은 달 탐사 프로젝트 창어를 진행했다. 상아는 달에 사는 여신인데, 상아 프로젝트도 가볼 만한 유적지를 남겼다. 중국 달 탐사 프로젝트에서 달을 탐험한 로버는 상아의 애완동물인 유투(옥토끼)인데, 이 토끼는 31개월 동안 달의 표면을 떠돌다가 장렬하게 최후를 맞았다. 옥토끼가 지구로 보낸 마지막 전갈은 "잘 자요, 지구. 잘 자요, 사람들."이었다. 비의 바다(마레 임브리움Mare Imbrium )에 가면 영면을 취하고 있는 토끼를 볼 수 있다.

## ○─ 달 박물관

달 박물관은 대략 1.9cm×1.3cm 정도 되는 작은 세라믹웨이퍼로, 그 안에는 여섯 명의 20세기 팝아티스트(존 체임벌린, 포레스트 마이어스, 데이비드 노브로스, 클래스 올덴버그, 로버트 라우센버그, 앤디 워홀)가 만든 흑백으로 된 아주 작은 작품이 들어 있다. 이 체제 전복적인 '박물관'은 아폴로 12호의 우주비행사들이 미국항공우주국의 공식 승인을 받지 않고 몰래 우주선에 실어온 것이다. 현재 알려진 바에 따르면 달 박물관은 지금도 아폴로 12호가 남긴 잔재들과 함께 남아 있다고 한다.

## ○─ 폭풍의 대양(오케아누스 프로켈라룸 Oceanus Procellarum )

폭풍의 대양은 달에 있는 마레 가운데 유일하게 '바다'가 아닌 '대양'이라고 불러도 좋을 만큼 넓다. 아폴로 12호와 14호의 착륙 지점을 둘러보고 신비로운 라이너 감마 Reiner Gamma 라는 곳으로 가자. 너비가 70km 정도인 이 독특한 지형은 올챙이 같기도 하고 커피에 붓는 크림 같기도 한 형태로 밝게 빛나고 있다. 이 지형, 즉 달의 '51구역 Area 51 '에서는 독특한 자기장 교란 disturbance 현상이 나타난다. 자기장의 세기는 달의 지표면에 도달하는 방사선의 양을 조절해 달 표면에 있는 지형이 형성되고 보존되는 데 기여한다고 추정된다. 라이너 감마는 또한 달 표면에서 갑자기 기이하고도 밝은 빛이 뿜어져 나오거나 달 표면의 색이 변하는 등의 '일시적 월면 현상 transient luna phenomena '

과도 깊은 관계가 있다고 알려진다. 일시적 월면 현상은 최소한 1000년여 동안 관측되고 있다. 달에서 밝은 빛이 뿜어져 나오는 이유를 정확하게는 알 수 없다. 과학자들은 몇몇 섬광은 용암 동굴 같은 주변 지형에서 나오는 기체와 관계가 있으리라고 생각한다.

폭풍의 대양을 떠나기 전에 대양의 동쪽에 위치한 코페르니쿠스 크레이터Copernicus crater에 가보자. 코페르니쿠스 크레이터의 중앙에는 험준한 산맥이 있고, 크레이터의 벽은 복잡한 계단식이다. 크레이터의 너비는 60km에 달하지만 깊이는 얕은 편이다. 코페르니쿠스 크레이터를 너비가 22.86cm인 프라이팬이라고 생각한다면 깊이는 고작 0.8cm 정도 되는 것이다.

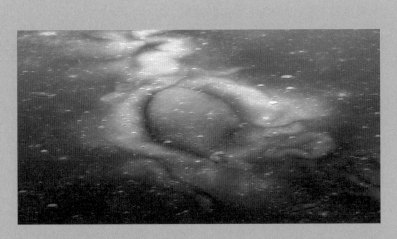

라이너 감마 지역의 어두운 부분과 밝은 부분이 만들어내는 신비로운 소용돌이를 즐겨보자. 이 현상은 자기 효과 때문에 나타난다고 여겨진다.
NASA/GSFC/ARIZONA STATE UNIVERSITY

## ○─ 아리스타르코스 고원

폭풍의 대양 북쪽에는 나무 반점 Wood's Spot 이라고도 하는 아리스타르코스 고원 Aristarchus plateau 이 있다. 아리스타르코스는 제일 먼저 태양을 중앙에 둔 천체 모형을 제시한 유명한 그리스 천문학자이다. 아리스타르코스 크레이터 가운데 있는 코브라 헤드 Cobra Head 는 경사면을 따라 밝은색 암석과 어두운색 암석이 굴러 떨어지는 바위 지대이다. 아리스타르코스 고원 옆쪽에서 코브라 헤드가 시작되는 곳까지는 용암이 굳어 형성된 뱀처럼 구불구불한 계곡이 있다. 길이가 140km에 달하는 슈뢰더 계곡 Schröter's Valley 이다. 유명한 아리스타르코스 크레이터를 방문하지 않고는 이 지역 관광을 마쳤다고 할 수 없다. 이 크레이터는 고원에서도 특히 어두운 지역에 침투해 밝은 빛을 내고 있다. 아리스타르코스 크레이터에는 타이타늄철석 ilmenite 이 풍부하게 매장되어 있는데, 이 광물을 캐내 로켓의 추진체로 사용할 산소를 얻을 수 있다.

## ○─ 동해(마레 오리엔탈레 Mare Orientale )

아리스타르코스 고원의 서쪽에는 달의 앞면부터 뒷면에 이르는 거대한 동해가 있다. 동해는 밝고 어두운 고리가 반복되어 마치 과녁판처럼 보인다. 이 지형은 커다란 충돌 분화구 impact crater 를 채운 용암이 차갑게 식어서 표면이 매끈해지면서 형성됐다. 중심부터 퍼져 나가는 동심원 고리는 산맥을 형성하는데, 가장 안쪽에는 이너 룩 Inner Rook 산맥이 있고, 중간에는 아우터 룩 Outer Rook 산맥이, 가장 끝에는 코르디예라 Cordillera 산맥이 있다.

이곳 산맥은 바위가 많고 험하지만 동심원의 중심을 찾아 동해로 온 많은 영혼의 순례자들은 가장 바깥쪽에 있는 코르디예라 산맥에서 출발해 이너 룩 산맥 쪽으로 이동한다. 달에는 대기가 없기 때문에 소리도 없다. 그래서 침묵 속에서 명상을 하고 싶은 사람에게는 더없이 좋은 수행 장소이다.

## ○─ 티코 크레이터

티코 크레이터Tycho Crater는 달에서 가장 눈에 띄는 곳으로 언제나 관광객으로 붐빈다. 달의 남반구에 있는 이 원형 반점은 주위에 널린 쪼개진 월석에서 뿜어내는 밝은 광선 덕분에 환하게 빛나서 지구에서도 쉽게 관측할 수 있다. 이 크레이터는 아주 유명하다. 1895년에 작가 토머스 그윈 엘거Thomas Gwyn Elger (1836~1897)는 티코 크레이터를 '달의 메트로폴리탄 크레이터'라고 했다. 이 크레이터는 1억 900만 년 전에 소행성이 충돌하면서 형성되었다. 공룡이 살던 시대에 지구에 있었다면 밤하늘을 밝게 빛낸 그 충돌을 볼 수 있었을 것이다.

티코 크레이터의 북쪽 가장자리에 앉으면 85km에 달하는 충돌 분화구를 한눈에 내려다볼 수 있다. 분화구 바닥은 80km 울트라마라톤을 하기에 아주 적합하다. 크레이터의 가장자리는 짙은 색인데, 운석이 충돌할 때 녹았다가 다시 굳으면서 얇은 유리 층을 형성했다. 이곳을 방문한 사람들은 달 유리를 기념품으로 가져간다. 많은 관광객이 수직으로 5km 정도 높이로 솟아 있는 분화구 가장자리에서 구불구불한 경사면을 따라 걸어 내려가는 경로로 하이킹을 한다. 동쪽 가장자리에 있는 지프라인zip line을 타면 한 시간 정도 만에 분화구 바닥으로 내려갈 수 있다.

중력이 작은 달에서는 아주 느긋하게 지프라인을 즐길 수 있다. 지프라인은 아주 천천히 출발할 것이다. 지프라인을 타고 가는 동안 바람에 흔들릴 걱정도, 벌레가 날아와 부딪칠지도 모른다는 걱정도 할 필요가 없다. 달에는 바람도 벌레도 없으니까. 분화구 바닥에 닿으면 이제는 다시 올라가야 한다. 티코 크레이터의 중앙에 있는 봉우리에 올라가면 크레이터 내부와 크레이터의 가장자리를 한눈에 볼 수 있다.

## ○─ 남극

관광객으로 붐비는 티코 크레이터를 둘러보았으면 이번에는 아이트켄 분지Aitken basin 가 있는 남쪽으로 내려가보자. 달의 남쪽 뒷면을 상당 부분 덮고 있는 아이트켄 분지는 경사가 급한데, 깊이는 13km

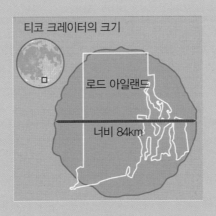

유명한 티코 크레이터와 미국 로드아일랜드 주 크기 비교

에 달하고 바닥의 너비는 2575km에 달하는, 태양계에서도 아주 큰 편에 속하는 크레이터이다.

　아이트켄 분지 내부에는 라이프니츠 산맥 Leibnitz Mountains 이 있다. 라이프니츠 산맥에서 가장 높은 봉우리는 8230m 정도로 에베레스트 산맥보다 불과 수백 m 낮다. 가파른 라이프니츠 산맥의 산등성이에 서면 달의 남극 지역을 한눈에 볼 수 있다. 중력이 낮아 지구에서 산을 오르는 것보다는 훨씬 수월하게 등산을 할 수 있지만, 높이가 8230m에 달하는 높은 산에 오르려면 당연히 산에 오르는 훈련을 먼저 받아야 한다. 지구라면 고산병으로 괴로워할 높이지만 달에서 등반을 할 때는 누구나 숨 쉴 공기가 가득 들어 있는 공기통을 짊어지고 오르니까 고산병은 걱정하지 않아도 된다.

　라이프니츠 산맥을 오르는 힘든 등반을 마친 뒤에는 영원히 빛이 들지 않는 남극의 쉼터에서 잠시 쉬었다 가자. 몇몇 크레이터의 바닥에 있는 이런 쉼터들은 태양 광선이 조금도 닿지 않아 매우 춥고 어둡고 안정적인 환경을 제공한다. 이런 쉼터들은 '영원한 어둠의 크레이터'라고 알려져 있다. 이곳에는 로켓 추진체 같은 여러 보급품을 보관해도 좋다. 천연 냉동고 역할을 하는 곳이니 사후에 자기 몸을 영원히 극저온 상태로 보관하고 싶은 사람이 묘지로 활용할 수도 있다.

　달의 남극으로 간 사람들은 새클턴 크레이터 Shackleton crater 를 놓치면 안 된다. 새클턴 크레이터의 바닥은 영원히 빛이 들지 않는 공간이지만 가장자리는 언제나 태양 광선이 비치는 영원한 빛의 봉우리이다. 작은 크레이터들을 둘러보고 탐험하고 싶다면 호퍼를 빌리는 것이 좋다. 로버는 작은 크레이터들의 가파른 경사를 감당할 수 없다.

## ○─ 달 알프스와 비의 바다

비의 바다 북동쪽 끝에 있는 달 알프스lunar Alps 는 다른 곳에서는 쉽게 볼 수 없는 독특한 아름다움이 있다. 이곳에는 좀 더 최근에 생긴 작은 크레이터들이 모여 있는 분지가 있는데, 달 알프스 북쪽에 있는 플라톤 크레이터를 탐사 여행의 출발점으로 삼는 것이 좋다. 플라톤 크레이터에서 월면차moon buggy 를 타고 남쪽으로 달리다보면 거대한 알프스(몬테스 알페스Montes Alpes )가 나온다. 알프스 산맥을 둘러봤으면 이제 알프스 협곡(발리스 알페스Vallis Alpes )으로 가자. 알프스 산맥을 중앙에서 가르는 알프스 협곡은 비의 바다와 추위의 바다를 잇는다.

달 알프스에 있는 아주 높은 봉우리 가운데 한 곳은 유명한 프랑스 지형의 이름으로 불린다. 몽블랑 말이다. 지구의 몽블랑은 프랑스와 이탈리아 국경 사이에 있지만 달 몽블랑은 알프스 협곡의 서쪽 끝에서 조금 남쪽으로 가면 있다. 달 몽블랑의 높이는 3810m쯤 되는데, 경사는 급하지 않지만 그래도 정상에 오르려면 지구 시간으로 꼬박 하루가 필요하다. 달에서 태양은 한번 지평선 위로 뜨면 14일 동안 가라앉지 않기 때문에 다행히 해가 지기 전에 정상을 밟을 수 있을 것이다. 몽블랑에 갔다면 조금만 서쪽으로 이동해서 피톤 산(몬스 피톤 Mons Piton )으로 가자. 작지만 눈에 잘 띄는 피톤 산은 비의 바다에 있는 평평한 평원 위로 솟구쳐 올라 있다. 피톤 산에 올랐으면 이제 남쪽으로 이동해 아페닌 산맥(몬테스 아펜니누스Montes Appenninus )과 달에서 가장 높은 산인 하위헌스 산(몬스 하위헌스Mons Huygens )으로 가자. 높이가 5300m에 달하는 하위헌스 산에 오르면 달에서 등산 기술을 연마할 수 있다.

## 뭘 하면 좋을까?

### ○─ 월진 활용하기

월진moondust 이라니, 이름은 근사하다. 그러나 사실 월진, 즉 달먼지는 길을 잃은 강아지 같다. 월진은 어디에나 사람들을 쫓아다니면서 가만히 내버려두지 않는다. 레골리스regolith 라고 부르는 이 미세한 먼지는 달 표면을 대부분 덮고 있는데, 10m가 넘는 두께로 쌓여 있는 곳도 있다. 달을 방문한 사람은 레골리스를 모를 수가 없다. 레골리스는 어디에나 있다. 바닥을 깨끗이 청소하겠다는 야심만만한 시도는 실패할 수밖에 없다. 바닥을 쓸고 싶을 때는 그곳이 달임을 기억하자. 바닥을 쓸어 먼지를 일으키면 하늘로 떠오른 먼지들이 뭉치가 되어 눈처럼 떨어져 내릴 것이다.

사실 레골리스는 쓸모가 많다. 레골리스를 햇빛에 말리거나 전자레인지에 넣고 돌리면 소결sintering (가루를 가열하면 가루 입자끼리 뭉쳐서 단단해지는 현상-옮긴이) 작용이 일어나 도로를 건설하거나 건물을 지을 때 사용할 달 콘크리트를 만들 수 있다. 달 표면 곳곳에서 아스팔트 색과 비슷한 바닥을 볼 수 있는 이유가 바로 달 콘크리트 때문이다. 지구 콘크리트와 마찬가지로 달 콘크리트도 태양의 방사선을 효과적으로 막아주기 때문에 달에서 생존하려면 반드시 필요하다.

## 지구에서 즐기는 문 워킹

| 마이클 잭슨의 노래를 틀어놓고 두 발을 가지런히 모은다. | 왼발의 뒤꿈치를 들고 왼발 발가락에 무게를 싣는다. | 오른발 발바닥을 땅에 댄 채로 뒤로 민다. | 오른발 뒤꿈치를 들고 왼발을 뒤로 민다. | 발을 바꿔가면서 계속 한다. |

## 실제로 달에서 걷기

| 한 발을 가볍게 들어서 멀리까지 한 걸음 내딛는다. | 다리를 조금만 구부린 상태로 살며시 도약한다. 양쪽 다리를 번갈아가면서 도약할 수도 있다. | 조금 조절하기는 어렵지만 빨리 이동하고 싶다면 좀 더 높이 도약하면 된다. | 멈추거나 방향을 바꿀 때는 몸을 뒤로 젖히고 팔꿈치를 뒤로 찍어 앞으로 가는 운동을 멈출 수 있을 만큼 마찰력을 만들어내면 된다. |

## ○— 달에서 걸어보자

달에서 걷기는 물속에서 트램펄린 위를 걷는 것과 비슷하다. 기본 동작을 배우는 데는 10분이면 충분하다. 하지만 지구에서 걷는 것처럼 자연스럽게 걸을 수 있을 때까지는 수년이 걸릴 것이다. 지구에서 걸을 때는 한 발에 모든 무게를 싣고 계속해서 앞으로 넘어지는 상태로 걸어간다. 달에서도 이런 식으로 걷는다면 속도도 느릴 뿐 아니라 앞으로 제대로 나갈 수 없고 서 있는 것도 쉽지 않을 것이다. 사람의 근육은 달에서 훨씬 강한 힘을 내기 때문에 달에서 걸을 때는 관절을 크게 구부릴 필요도 없다. 저중력인 달에서는 조금만 세게 힘을 주어도 너무 강한 힘으로 땅을 밀게 되어 멈출 수 없거나 움직임을 제어할 수 없을 정도로 높이 솟구쳐 오를 수 있다.

달에서 활용할 수 있는 효과적인 보행 방법 하나는 크로스컨트리 스키를 하는 것처럼 두 발을 번갈아가면서 천천히 쭉쭉 뻗으면서 걷는 것이다. 닐 암스트롱은 이런 보행 방법을 '로프lope'라고 불렀다. 한 발은 계속 땅에 댄 채로 나머지 발로 땅을 밀면서 조금씩 나가는 방법도 있다.

## ○— 스페이스볼 시합

저중력 상태인 달에서 하는 운동은 익숙해지기만 하면 재미있다. 또한 운동은 뼈와 근육이 약해지는 것을 막는 좋은 방법이기도 하다. 단, 달에서는 왠지 슈퍼맨이 된 것처럼 강해진 느낌이 들 테지만, 제대로 연습해두지 않으면 크게 다칠 수도 있으니 조심하자.

스페이스볼 시합은 지구에서 하는 야구 시합을 저중력 상태에 맞게 바꾼 운동이다. 스페이스볼은 야구와는 다음과 같은 점에서 아주 다르다.

+ 진공 상태에서 하기 때문에 공기의 압력이 있어야만 구사할 수 있는 커브볼, 슬라이더, 너클볼은 던질 수 없다.
+ 평범한 야구공을 달에서 칠 경우, 지구에서와 같은 힘으로 치면 30배는 멀리 날아간다.
+ 스페이스볼 경기장은 일반적인 야구장보다 훨씬 넓으며, (공기가 없으니 공기의 저항도 없어) 공이 아주 빠른 속도로 날아가기 때문에 크게 다칠 수 있다. 스페이스볼에서는 홈런이 없으며, 볼이 멀리 날아갈 수 없도록

경기장 주변을 그물로 감싼다.

✛ 타자가 공을 쳤을 때 쉽게 베이스를 향해 달려 나갈 수도 없지만 베이스까지 진출한 뒤에도 쉽게 멈출 수가 없기 때문에 베이스마다 제어장치를 설치해야 한다.

✛ 엄청난 속도로 날아다니는 공에 크게 다칠 수 있기 때문에 스페이스볼 시합을 할 때는 일반 우주복보다 훨씬 튼튼한 우주복을 입어야 한다.

달에서 여가 시간을 즐기는 방법, 스페이스볼 시합!

## ○─ 용암 동굴 탐험

동굴 탐험가라면 오래전에 용암이 흘러가면서 여기저기 만들어 놓은 지하 용암 동굴을 탐험해보자. 지하 용암 동굴은 태양 방사선이 뚫고 들어가지 못하기 때문에 숙소나 건물을 지을 때 활용할 수 있는 좋은 천연 요새다. 뜨거운 용암을 만날 위험은 없지만, 용암 동굴 자체가 거칠고 위험한 곳이다. 용암 동굴 바닥은 바위가 많고 울퉁불퉁하기 때문에 바퀴가 아닌 긴 다리가 달린 로버를 타고 움직여야 한다. 지도에 표시되어 있지 않은 용암 동굴을 탐사할 예정이라면 안으로 들어가기 전에 내부 안전 상태를 미리 점검해야 한다. 드물기는 하지만 달의 용암 동굴 가운데는 초기 달의 대기가 갇혀 있는 곳도 있어서 잘못하면 기체가 폭발해 발밑이 무너져 내릴 수도 있다. 달에서 가장 큰 용암 동굴은 고요의 바다에 있다고 전해진다.

## ○─ 달의 뒷면에서 별을 관찰하기

밤이 2주나 지속되는 달에서는 방해받지 않고 원 없이 별을 관찰할 수 있다. 달은 (그리고 이 점에 있어서는 태양계 내부에 존재하는 모든 천체는) 지구와 아주 가까워서 지구에서 보던 별자리를 달에서도 볼 수 있다. 지구에서 보는 별은 대기 때문에 별빛이 살짝 굴절해 반짝거리지만 달에는 대기가 없기 때문에 별이 반짝거리지 않는다. 달의 남반구에서 별을 올려다보는 사람은 별들이 달의 남극성인 델타 도라두스 Delta Doradus 를 중심으로 회전하고 있음을 볼 수 있다. 별을 관찰할 때는 얼굴판에 반사 방지막을 코팅한 헬멧을 써야 한다. 그래야 헬멧의 표면이나 탈 것, 우주복 등에서 반사된 빛에 방해받지 않고 별을 관찰

탐사할 가치가 있는 수많은 크레이터 가운데 한 곳인 조르다노 브루노 크레이터

할 수 있다.

달의 뒷면은 전파천문학을 연구하기에도 아주 좋은 장소이다. 이곳에서는 아주 긴 파장을 관측할 수 있어 천체들의 숨겨진 특성을 파악할 수 있다. 토성의 고리와 달리 가시광선으로는 잘 관측되지 않는 목성의 고리도 전파radio wave를 활용하면 훨씬 분명하게 관측할 수 있다. 전파망원경은 지구인의 눈에 도달하기까지 수십억 년의 세월을 날아와야 하는 머나먼 은하들의 빛도 감지할 수 있다. 이 전파는 전자레인지와 라디오에서 활용하는 전파와 조금도 다르지 않지만 집에 있는 작은 상자가 아니라 우주 저 멀리 존재하는 별들과 가스가 만들어낸다. 달 표면에 있는 작은 크레이터들은 전파를 감지하는 전파망원경을 줄지어 설치할 수 있는 좋은 장소이다. 달의 뒷면은 전파를 교란

하는 대기가 없고 지구와 달리 거주민 수십억 명이 만드는 전자 소음도 없다. 휴대폰 한 대만 있어도 외부 은하에서 보내오는 희미한 신호를 놓칠 수 있기 때문에 천체의 전파를 측정할 때는 이런 조건이 아주 중요하다. 달의 뒷면에 간다면 조르다노 브루노 크레이터Giordano Bruno crater에 다녀오자. 너비가 22.5km에 달하는 이 가파른 크레이터는 썰매를 타고 달려 내려가기에 아주 좋은 장소이다.

## ○― 달 광산에 가보자

물은 달에서 생명을 유지하는 데도 필요하지만 로켓 추진체를 만들 때도 꼭 필요하다. 안전모를 쓰고 달의 지하세계에서 펼쳐지는 산업 현장으로 내려가보자. 달은 사장석과 사장암이 풍부한데, 두 광물을 채취해 알루미늄을 얻을 수 있다. 타이타늄철석을 채취하면 타이타늄과 철, 공기와 로켓 추진체를 만들 수 있는 규소와 산소를 얻을 수 있다. 달 광산에서는 아주 귀한 자원이자 핵융합 반응의 재료인 헬륨3도 채취할 수 있다. 헬륨3은 지구에서는 거의 구할 수 없지만 달에서는 풍부하다. 달의 뒷면은 헬륨3이 풍부하게 매장되어 있다. 태양풍이 실어오는 헬륨3 입자는 레골리스에 많이 응축되어 있다.

달을 모두 둘러봤으면 다시 지구로 돌아와도 되고 다른 행성으로 이동해도 된다. 달 궤도에서 조금 벗어난 곳에는 L2(지구-달 라그랑주 2)라는, 규모는 작지만 썩 괜찮은 장소가 있다. 달보다 먼 거리에서 지구 둘레를 도는 위성은 달보다 훨씬 느리게 공전한다고 생각하겠지만, L2에서는 달이 제공하는 여분의 중력을 받아 달만큼이나 빠른 속도로 지구 주위를 돌 수 있다. 따라서 이곳에서는 지구의 중력을 벗어나 다른 행성을 향한 다음 여정을 시작할 수 있다.

햇살이 가득한 곳으로 여행을 떠나고 싶다면 수성보다 좋은 장소는 없다. 태양과 가장 가까운 암석 행성이자 태양빛이 작열하는 이 위성 하나 없는 행성으로 여행을 떠나면 수년 동안 뇌리에서 잊히지 않을 강렬한 기억을 담고 집에 돌아올 수 있다. 세심하게 주위를 둘러보는 여행자가 아니라면 지구의 위성인 달과 수성의 차이를 거의 느끼지 못할 것이다. 크레이터로 가득하고 대기가 거의 없는 수성의 지름은 달의 지름보다 고작 800km 정도만 길 뿐이며, 중력도 두 배 정도 클 뿐이다. 밤낮으로 크게 변하는 온도 때문에 수성의 표면은 바짝 구워졌다가 얼어붙기를 반복해 여기저기 갈라져 있다. 수성은 햇살이 비출 때는 아주 뜨겁지만 해가 지면 아주 춥다.

수성은 태양에 노출되는 즉시 죽을 수도 있다는 것을 조금도 두려워하지 않는 대담한 태양 숭배자들에게는 아주 매혹적인 곳이다. 태양이 이글거리는 한낮에 지표면에서 시간을 보내고 싶은 사람에게도, 태양을 피해 추운 지하에서만 머물고 싶은 사람에게도 수성은 상반되는 즐거움을 한가득 선사해줄 곳이다. 이 뜨거운 행성에도 그늘은 가득하며, 극지방에는 물이 언 얼음까지 존재한다. 태양과 아주 가까운 곳에 있어 얻을 수 있는 무한한 태양에너지를 이용하면, 수성에서 무사히 휴가를 보내고 지구로 돌아올 가능성이 훨씬 커진다. 그렇기는 하더라도 가장 용감하고 결의에 찬 모험가만이 자신의 운명을 수성에게 맡길 수 있다. 모험담을 떠벌리기 좋아하는 사람이라면 수성에 다녀와야 한다. 수성에 갔다가 살아 돌아온 사람은, 수성에서 무슨 일을 했건 간에 그 사실 하나만으로도 대단한 일을 해냈음이 분명하니까.

# Mercury

불과 얼음의 여행지
## 수성

지름: 지구 지름의 33%

질량: 지구의 6%

색: 밝은 부분과 선명하게 대조되는 그늘이 존재하는 회색 행성

공전 속도: 시속 17만 590km

중력이 끄는 힘: 몸무게가 68kg인 사람이 수성에 가면 26kg이 된다.

대기 상태: 대기라고 할 수 있는 기체가 거의 없다. 수소, 헬륨, 산소가
　　　　　소량 존재한다.

주요 구성 물질: 암석

행성 고리: 없다.

위성: 없다.

기온(최고 기온, 최저 기온, 평균 기온): 430℃, −179℃, 167℃

하루의 길이: 4222시간 36분

1년의 길이: 지구 시간으로 88일

태양과의 평균 거리: 약 5800만 km

지구와의 평균 거리: 약 7700만~2억 2200만 km

편도 여행 시간: 근접 통과까지 147일 소요

지구로 보낸 문자 도달 시간: 4~12분 소요

계절: 없다.

날씨: 없다.

태양 광선의 세기: 지구보다 5~10배 정도 강하다.

특징: 하루에 두 번 볼 수 있는 일몰, 공동空洞

추천 여행자: 태양 숭배자, 지하 생활자

# 수성에 가보기로 결심했다면 ☿

 **날씨를 알아두자**

수성은 불과 얼음의 땅이다. 험준한 바위투성이의 이 행성은 한낮이면 지구에서 가장 더운 사막에서 가장 더운 날에 내리쬐는 태양 광선보다 7배는 강한 태양 광선이 내리쬔다. 하지만 밤이 되어 하늘에서 태양이 사라지면 해왕성보다도 더 추운 곳으로 변한다. 수성에는 수십 억 년 동안 태양이 전혀 비추지 않은 곳도 있다. 수성의 멀고 황량한 극지방에 존재하는 이런 깊은 웅덩이들은 태양의 뜨거운 열기를 피한 많은 물을 꽁꽁 얼린 채로 간직하고 있다.

수성의 지표면이 발산하는 열기를 감당할 수 있다면 온도 차가 수백 도인 수성의 밤과 낮도 경험할 수 있다. 해가 지면 수성의 온도는 −179℃로 내려간다. 태양이 지평선 위로 올라오면 온도는 빠른 속도로 올라가 430℃에 이른다. 수성에는 열을 전달할 공기가 없기 때문에 태양 광선은 수성에 서 있는 사람에게 직접 내리쬘 테고, 한낮에 바깥에 서 있으면 뜨거운 땅 위에서 스멀스멀 올라오는 열기를 느낄 수 있을 것이다. 한밤중에 지표면으로 나갈 기회가 있다면 소중한 체온을 빼앗기지 않도록 따뜻한 열기를 보존해주는 질 좋은 단열 우주복을 입고 나가야 한다. 부츠도 단열이 되는 제품으로 신지 않는다면 동상에 걸릴 테니 조심하자.

수성은 하루가 길고 1년은 짧다. 수성이 태양 주위를 도는 속도는 아주 빠르고, 수성의 공전 궤도는 지구의 공전 궤도보다 훨씬 짧아서 수성의 1년은 지구 시간으로 계산하면 고작 88일밖에 되지 않는다. 태양이 수성의 앞면과 뒷면을 끌어당기는 힘이 다르기 때문에 수성의 자전 속도는 느려져 수성이 자전축을 중심으로 한 바퀴 도는 데 걸리는 시간은 지구 시간으로 59일이나 된다. 그런데 태양이 수성의 하늘에서 동일한 위치에 나타나는 기간을 기준으로 정하는 수성의 태양일 solar day 은 지구 시간으로 176일이다. 따라서 수성의 태양일을 기준으로 3일이 지나면 수성의 1년은 두 번 지나간다. 결국 수성의 태양일은 수성의 1년보다 길다.

지구인이 알고 있는 봄, 여름, 가을, 겨울이라는 개념은 이 낯선 행성에 적용할 수가 없다. 지구에서 계절이 생기는 이유는 자전축이 기울어져 있기 때문인데, 수성의 자전축은 그다지 기울어져 있지 않아서 지구와 달리 북극과 남극이 한 곳은 태양을 향하고 다른 곳은 태양의 반대 방향을 향하지 않는다. 수성에는 지구인이 알고 있는 4계절이라는 개념이 없고 극렬한 대비를 이루는 강렬한 추위와 더위라는 개념만 있다.

수성의 표면을 탐사하는 동안 엄청난 폭풍에 휩싸일 걱정은 하지 않아도 된다. 수성은 사실상 바람이 불지 않는다. 그저 태양의 고에너지 입자가 만드는 미풍만이 있을 뿐이다. 이 미풍을 태양풍 solar wind 이라고 한다.

**언제 가야 좋을까?**

담요를 두세 겹 덮어야 하고 더는 두툼하게 쌓인 눈을 치울 여력이 없는 혹독한 겨울을 겪고 있다면, 작열하는 태양 빛에 지글지글 타고 있는 황량한 수성의 크레이터를 떠올리자. 이제는 햇살을 받을 때가 됐다고 느낀다면 수성으로 가보는 게 어떨까. 수성에서 24시간만 있어도 지구에서 일주일 내내 받을 햇살을 즐길 수 있다.

문제는 햇살이 많아도 너무 많아서 잘못하면 과하게 태양 광선을 쬘 수 있다는 점이다. 태양에서는 일정한 주기로 태양폭풍이 부는데, 태양폭풍은 11년 주기로 강도가 아주 높아진다. 이 시기에는 고에너지 플레어(태양 표면에서 일어나는 폭발 현상-옮긴이)도 자주 발생한다. 태양의 날씨 변화는 지구의 자기장과 전자 기기에 영향을 미친다. 수성에서는 태양폭풍이 불어 휴가를 갑작스럽게 끝낼 수 있으니 여행을 떠나기 전에 미리 우주 기상 예보를 확인하자.

수성의 공전 궤도는 타원이기 때문에 수성은 태양과 가장 가까울 때 가장 뜨겁다. 이 시기에는 여행을 자제하는 것이 좋다. 수성이 태양과 가장 먼 시기에 수성을 방문하면 수성 최고 기온인 430℃보다 260℃는 더 시원한 온도를 즐길 수 있고, 갑작스럽게 불어오는 태양폭풍에서도 가장 멀리 떨어져 있을 수 있다.

수성은 1년이 짧기 때문에 특정 계절에 가겠다며 미리 계획을 세울 필요는 없다. 지구 시간으로 6개월만 있으면 화끈한 더위와 뼈 시린 추위를 모두 경험할 수 있다. 수성의 날씨는 정말로 수성답다(수성을 뜻하는 Mercury의 형용사형은 'mercurial'로 변덕스럽다는 뜻이다-옮긴이).

## 출발할 때 유의할 점

수성은 아주 빠른 속도로 태양 주위를 돌기 때문에 수성에 가기는 생각보다 쉽지 않다. 태양계에서는 수성만큼 태양 광선이 강렬하게 내리쬐는 곳은 없다는 점을 감안하더라도 수성까지 가는 우주선 탑승 비용은 비싼 편이다. 수성에 닿으려면 최소한 7700만 km나 되는 거리를 날아가야 하고, 수성이 태양 주위를 도는 속도는 지구가 태양 주위를 도는 속도보다 시속 6만 4300km 정도 빠른 시속 17만 590km 정도이기 때문에 태양 속으로 뛰어들지 않고 발 빠른 수성을 따라잡으려면 태양계를 떠나는 데 들어가는 연료보다 많은 연료가 필요하다. 연료 효율이 높은 우주선을 타고 금성과 지구의 중력 도움(우주 탐사선이 우주에서 추진력을 받는 방법 가운데 하나로 행성의 중력을 이용하여 궤도를 조정하는 방법-옮긴이)을 받으면 결국 11년 정도면 수성의 궤도에 진입할 수 있다. 만약 수성에 착륙하지 않고 그냥 지나칠 생각이라면 147일이면 도착할 수 있다.

수성에는 태양 에너지가 가득한데, 환경을 생각하는 여행자는 재생 가능한 태양 에너지의 진가를 분명히 알 수 있을 것이다. 수성은 태양이 사라질 때까지 적어도 다음 100억 년 동안 태양 에너지를 사용할 수 있다. 수성이 태양에 가까워질 때면 전기 장비가 가열되어 타지 않도록 태양 전지가 생산하는 전기 양을 지켜봐야 한다. 태양 전지에서 지나치게 많은 에너지가 생산된다면 태양 전지 판을 태양이 보이지 않는 반대편으로 돌려놓아야 한다.

강렬한 태양 광선만큼이나 막강한 태양의 중력은 우주선의 항법 장치에도 문제를 일으킨다. 자동차 핸들이 언제나 중심으로 돌아가는

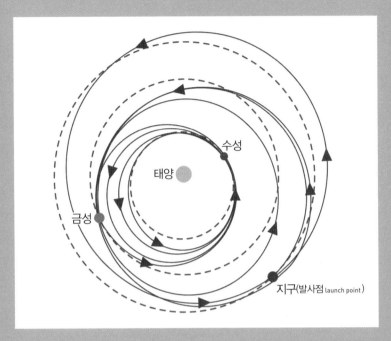

수성은 지구에서 비교적 가까운 행성이지만 공전 속도가 빠르고 태양과
가까이 있기 때문에 수성에 도달하는 과정은 복잡하다.

것처럼 태양은 모든 우주선을 자기 쪽으로 끌어당긴다.

 **드디어 도착**

우주선 안에서 가까워지는 수성을 보고 있으면 달에 가고 있는 것
같은 착각이 들 수도 있다. 하지만 일단 수성에 착륙하면 수성의 암석
들은 재질도 색도 달과는 다르다는 사실을 알게 된다. 두 눈이 시커먼
하늘에 적응하면 밝은 사물은 달에서보다 더 밝게 보이고 어두운 사
물은 더 어둡게 보일 것이다.

연필심 같은 색을 띠고 있는 수성의 지표면은 달보다 훨씬 진하다. 흑연이 들어 있기 때문이다. 수성의 핵은 녹은 철로 되어 있지만 지표면에는 철이 없다. 수성의 지표면은 거의 대부분이 살짝 적갈색을 띠는 짙은 회색이고, 드문드문 푸르스름한 색을 띤 곳도 있다. 강이 말라붙은 것처럼 보이는 용암유로lava channel, 끊임없이 형태가 바뀌기 때문에 눈에 띄는 수수께끼 같은 공동hollow을 보면 수성이 지금도 활발하게 활동하면서 끊임없이 변하고 있는 행성임을 알 수 있다.

수성에 도착한 사람들은 수성에 펼쳐져 있는 다채로운 지형에 놀라게 된다. 수성의 지표면은 격렬한 충돌, 화산 폭발, 전체 지표면을 가른 대규모 수축 현상을 견뎌왔다. 수성의 표면에는 거대한 절벽과 이중으로 고리를 이루고 있는 크레이터, 지표면 깊이 파여 있는 홈, 신비에 싸인 뜨겁고 차가운 지역이 있다.

수성의 지표면은 상당 부분 우주에서 가한 충돌로 인해 형성됐지만 수성의 내부에서 있었던 엄청난 지각 변동도 표면을 형성하는 데 한몫했다. 지표면 아래에서 작용하는 힘이 반대 방향으로 작용해 지각이 갈라지는 곳에서는 계곡이 형성됐고, 수성 내부의 힘이 같은 방향으로 작용해 지각이 겹치는 부분에서는 구불구불하고 긴 절벽lobate scarp/wrinkle ridge이 형성됐다. 이런 절벽은 길이가 수백 km에 달한다.

수성을 여행하려는 사람들은 밤에 도착해서 해가 뜨기 전에 황량한 지표면을 벗어나 지하 도시로 들어가야 한다. 10여 년 이상 성능 좋은 반사판 지붕을 설치해 지하 도시의 온도를 사람이 생존할 수 있을 정도로 낮춰놓은 곳이 아니라면 낮에는 지하도 극도로 뜨겁기 때문에 사람이 살 수 없다.

태양 망원경　　　입구　　　열을 반사하는 보호층

통제실

에어로크

숙소

과학 연구실

햇빛

숙소

숙소

휴게실

식당/사교실

저장고

수성의 낮은 극도로 뜨겁기 때문에 지하 도시에서 생활해야 한다.

수성의 낮 하늘을 보고 싶다면 안전한 지하에서 잠망경으로 보면 된다. 점점이 별이 떠 있는 까맣고 광대한 하늘을 보게 될 것이다. 실제로 수성에는 대기가 아주 조금 있지만 하늘이라고 할 수 있는 공간을 만들거나 별을 반짝이게 만들 대기는 존재하지 않는다. 계속해서 찾아보면 별들과 함께 검은 하늘에서 그 전에는 한 번도 보지 못했던 밝기로 환하게 빛나고 있는 태양을 찾을 수 있을 것이다.

 ## 수성에서 돌아다니려면

수성은 태양계에서 가장 뜨거운 행성은 아니다(가장 뜨거운 행성은 금성이다). 그래도 수성 역시 아주 뜨거워서 그곳에서의 삶은 꽤 복잡하

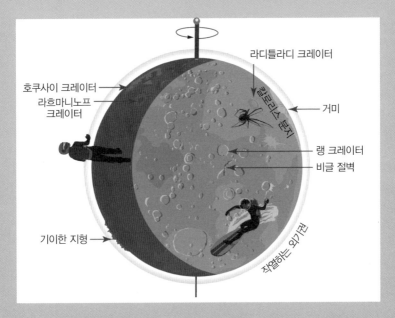

라디틀라디 크레이터

호쿠사이 크레이터

라흐마니노프
크레이터

칼로리스 분지

거미

랭 크레이터

비글 절벽

기이한 지형

작열하는 외기권

위험한 태양 광선을 피할 수 있는 안전한 그늘 지역을 탐사해보자.
수성이 간직한 많은 비밀을 알게 될 것이다.

다. 수성의 절반에 해당하는 지역은 항상 대기가 거르지 않는 태양 방사선이 직접 내리쬐기 때문에 생명체가 살아갈 수 없으니 지표면을 둘러볼 생각이라면 아주 신중하게 계획을 세워야 한다.

수성의 극지방에는 빛이 조금도 들지 않는 아주 춥고도 안정적인 크레이터들이 있는데, 그곳에서 안락함을 느끼는 사람도 있다. 수성의 극지방에서 외부 활동을 하고 싶을지라도 온도가 혹독하게 낮을 때는 여행 관리국에서 외부 활동을 금지하기 때문에 일단 들어가면 지구 시간으로 수개월 동안 머물러야 하는 지하 생활에 익숙해져야 한다. 지상으로 나가서는 안 되는 시기에 밖으로 나갔다가는 맹렬한 태양 광선에 그을려 고통스럽게 죽어갈 수 있다. 이 점을 아는 지하 거주자에게는 태양이 떠오른다는 사실이 끔찍한 공포로 다가올 수도 있다.

밤에 주변을 둘러볼 때는 로버나 호퍼를 빌리면 된다. 오랫동안 둘러볼 생각이라면 수성 전용 우주선을 타는 것이 좋다. 수성에서 지상 여행을 할 때는 출발이 지연되거나 일단 출발을 했다고 해도 도중에 우주선에서 내려 지상 여행이 재개될 때까지 아주 오랫동안 기다려야 할 수도 있다. 수성을 여행하는 사람은 인내해야 한다. 어쩔 수 없이 지하에서 몇 달 동안 갇혀 있어야 한다면 수성의 수많은 지형에 이름을 남긴 유명한 작가들을 연구해보는 것도 시간을 보내는 좋은 방법이다. 다시 여행을 시작할 때까지 두 달 정도 안톤 체호프Anton Chekhov (1860~1904)의 작품을 읽어보거나 빌리 버크Billie Burke (1884~1970, 영화 〈오즈의 마법사〉에서 착한 마녀 글린다 역할을 한 배우-옮긴이)가 출연한 무성영화를 모두 섭렵하거나 일본 다도를 완성한 센리큐千利休 (1522~1591)의 가르침대로 일본 다도를 익혀보자.

가볼 만한 곳들

## O— 북극

우주선을 타고 수성의 북극 궤도에 진입하는 동안 관광객들은 지름이 100km에 달하는 아주 거대한 호쿠사이 크레이터 Hokusai crater 를 보고 깜짝 놀라게 될 것이다. 호쿠사이 크레이터라는 명칭은 18세기에 활약했고, 거대한 파도 작품을 남겨 유명해진 일본 목판화가 가츠시카 호쿠사이葛飾北齋의 이름에서 따온 것이다. 크레이터의 중심에서 바깥쪽으로 바퀴살처럼 수천 km 이상 뻗어나간 선들은 소행성과 격렬하게 충돌하면서 암석이 밖으로 튀어나가 생성됐다. 수성의 북반구를 거의 대부분 뒤덮은 이 선들은 태양계를 통틀어서도 그 규모가 아주 큰 축에 속한다.

수성의 북극은 상당히 상쾌하고 시원해서 연중 기온이 −93℃ 정도로, 지구에서 측정한 가장 낮은 온도와 비슷하다. 수성의 남극과 북극에는 절대로 햇빛이 닿지 않는 크레이터들이 있기 때문에 물이 얼음 상태로 존재하는 곳도 있다. 수성의 북극에 존재하는 얼음 층은 수십 m로, 지구의 남극 얼음 층과 비교하면 1만 배 정도 얇다. 그래도 없는 것보다는 낫다!

영원히 그늘 속에 숨어 있는 크레이터들은 변하지 않는 추운 환경을 유지하기 때문에 10억 년 된 얼음 코어(회전 시추 방식으로 지각을 채집할 때 채취되는 원통형 암석이나 광물-옮긴이)를 꺼내 태양계 충돌 역사

밝은 광선을 따라가면 인상적인 호쿠사이 크레이터를 볼 수 있다.
사진에서는 거의 끝부분에 있다.

NASA/JOHNS HOPKINS UNIVERSITY APPLIED PHYSICS/CARNEGIE INSTITUTION OF WASHINGTON

를 연구하고 싶은 과학자들에게는 정말로 가보고 싶은 장소이다. 과학자들은 얼음으로 가득 찬 혜성이 수성과 충돌해 호쿠사이 크레이터를 만들면서 가지고 있던 얼음을 수성의 극지방에 뿌리고 갔을 가능성을 살펴보고 있다.

빙벽 등반가들은 수성의 북극 지방에 있는 크레이터들을 보면 그 가장자리 높이에 환호성을 지를 것이다. 상당히 가파른 경사로도 몇 곳 있지만 얼음이 바위처럼 단단히 얼어붙어 있기 때문에 추운 날씨에는 수성에서 스키 타기가 쉽지 않다.

프로코피예프 크레이터는 발레곡 〈피터와 늑대〉를 작곡한 20세기

러시아 작곡가 세르게이 프로코피예프Sergei Prokofiev (1981~1953)의 이름을 붙인 곳으로, 수성의 북극 크레이터 가운데 가장 크다. 프로코피예프 크레이터의 함몰 지역은 얼음이 넓게 덮여 있는데, 과학자들은 크레이터가 생성될 때 얼음이 크레이터 안으로 굴러떨어졌을 것으로 추론하고 있다.

북극 지방에서 몇 주 정도 머물 생각이라면 크레이터가 모여 있는 중앙을 벗어나 남쪽으로 내려가보자. 그곳에는 광대한 화산 평원이 있다. 수십억 년 전, 엄청난 양의 뜨거운 액체가 폭발해 너비가 수백 km에 달하는 용암 지대를 만들었다. 그 용암 지대 한가운데 서 있으면 그 어느 곳에서보다도 자신이 작은 존재라는 사실을 절실하게 느낄 것이다.

## ○─ 칼로리스 분지

수성의 북극에서 충분히 몸을 식혔다면 이제 태양이 작열하는 칼로리스 분지Caloris basin로 가자(라틴어로 칼로리스는 '뜨겁다'라는 뜻이다). 북극에서 칼로리스 분지까지는 아주 짧은 여정으로, 가는 동안 버려진 고대 도시의 이름을 딴 광활한 다섯 계곡(카호키아Cahokia, 카랄Caral, 파이스툼Paestum, 팀가드Timgad, 앙코르Angkor)을 하늘에서 내려다볼 수 있다. 남쪽으로 내려가면서 동쪽을 유심히 살펴보면 오스키손 크레이터Oskison crater에 있는 봉우리를 볼 수 있을 것이다. 미국 원주민 작가 존 밀턴 오스키손John Milton Oskison (1874~1947)의 이름을 딴 이 크레이터는 너비가 120km로, 크레이터 한가운데에 높이 솟은 봉우리들을 평화로운 거주지 삼아 글을 쓰고 싶은 작가들이 주로 찾는 곳이다.

우주선은 칼로리스 분지 중앙에서 조금 남쪽으로 내려간 곳에 있는 앗제 크레이터Atget crater에 착륙시키면 된다. 19세기 말부터 20세기 초까지 파리의 다양한 모습을 사진으로 남긴 외젠 앗제Eugène Atget (1856~1927)의 이름을 딴 이 크레이터는 바닥은 색이 짙고 너비는 99.8km에 달한다. 칼로리스 분지의 거대하고 매끈한 용암 평원 탐사는 앗제 크레이터에서 시작하면 된다. 태양계를 통틀어서도 아주 큰 충돌 분화구인 앗제 크레이터는 거의 알래스카만 한 크기로, 지름은 1400km가 훨씬 넘으며, 크레이터를 감싸고 있는 가장자리 산맥의 높이는 3000m가 넘는다. 가장자리 산맥을 넘어가면 수백 m가 넘는 거친 언덕이 펼쳐진 평원과 엄청난 충돌로 만들어진 주름진 지형이 있다. 전문가들은 수십억 년 전에 지름이 수십 km에 달하는 거대한 우주 암석이 수성에 충돌하면서 칼로리스 분지가 생성됐는데, 이 충돌은 수성의 반대편이 튀어나올 정도로 아주 격렬했다고 추정한다. 칼로리스 분지 반대쪽으로 튀어나온 부분은 '기이한 지형weird terrain'이라고 부른다. 당시 수성의 내부에서 흘러나온 용암은 지구 화산에서 분출되는 용암보다 점성이 훨씬 낮았을 테고, 그 때문에 용암이 거대한 지역을 덮어 평원이 생성되었을 것이다.

칼로리스 분지에는 〈절규〉를 그린 노르웨이 화가 에드바르 뭉크 Edvard Munch (1863~1944)나 미국 고딕 시대 작가 에드거 앨런 포Edgar Allan Poe (1809~1949)의 이름을 따서 지은 크레이터를 비롯해 둘러볼 곳이 많다. 하지만 뭐니 뭐니 해도 가장 흥미로운 곳은 길게 뻗은 마른 협곡들이 바닥을 기어가는 거미를 꼭 닮아서 '거미the Spider'라는 별명이 붙은 판테온 포사이Pantheon Fossae이다. 거미는 중심에 지름이 40km

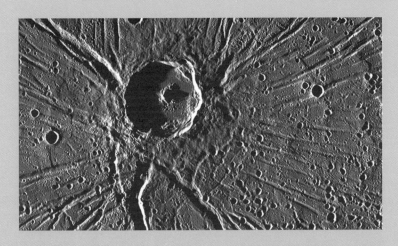

칼로리스 분지에 가면 '거미'라고도 부르는 판테온 포사이와
아폴로도로스 크레이터를 보고 오자.

NASA/JOHNS HOPKINS UNIVERSITY APPLIED PHYSICS/CARNEGIE INSTITUTION OF WASHINGTON

정도 되는 크레이터가 있고, 그 크레이터를 중심으로 100개가 넘는
지구地溝, graben 라고 하는 좁은 협곡이 바깥쪽으로 뻗어 있다. 각 협곡
은 너비가 수 km이고 길이는 320km가 넘는 것도 있다. 이런 협곡들
이 어떤 과정을 거쳐 형성되었는지는 아직 정확하게 밝혀지지 않았으
며, 중심에 있는 아폴로도로스 크레이터 Apollodorus crater 가 협곡과 어떤
관계가 있는지도 밝혀진 바 없다(아폴로도로스는 판테온을 설계한 건축가
이름이다). 협곡을 따라 걸으면서 과거가 품고 있는 수수께끼를 풀 단
서를 찾아보는 것도 좋을 것이다. 거미 같은 지형은 수성에는 더는 없
으며, 거미의 지질학적 특성은 기존 행성 지질학으로는 도무지 설명
할 방법이 없다.

거미 협곡 탐사 일정은 하루여도 좋고 일주일이어도 좋고 한 달이

어도 좋다. 편하게 협곡을 둘러보고 싶은 사람은 거미 한가운데 있는 아폴로도로스 크레이터에서 앳제 크레이터까지 오가는 내부 우주 왕복선을 이용해도 된다. 한 가지, 일단 지평선 위로 해가 올라오면 우주 왕복선은 운행하지 않으며, 지표면에서의 활동은 모두 정지된다는 사실을 명심해야 한다. 아무 생각 없이 아침이 될 때까지 협곡을 탐사하다가는, 협곡 안에 갇힐 수도 있다.

다시 해가 지면 칼로리스 분지를 계속 탐사해보자. 미국 사진작가 이모젠 커닝햄Imogen Cunningham (1833~1976)의 이름을 붙인 커닝햄 크레이터Cunningham crater 에 가보는 거다. 수성은 필름에 감광되는 곳과 감광되지 않는 곳의 차이가 아주 크기 때문에 흑백 사진을 완벽하게 찍는 기술을 연마하기에 아주 좋은 곳이다. 칼로리스 분지의 서쪽에는 밤에 가면 좋을 케루악 크레이터Kerouac crater 가 있다. 지름이 110km에 달하는 이 크레이터의 함몰 지역은 수성에서 대안적 삶을 찾는 사람들을 위한 좋은 휴식처가 될 것이다. 케루악 크레이터의 중심부로 순례를 떠나 시적 감각을 기르고 지구 중심적인 시각을 우주 중심적인 시각으로 바꿔보자.

## ○─ 라디틀라디 분지의 공동

케루악 크레이터에서 서쪽으로 240km쯤 가면 라디틀라디 분지Raditladi basin 가 있다. 고작 약 10억 년 전에 만들어진, 지름이 257km쯤 되는 이 젊은 크레이터 한가운데 서면 멀리 능선이 두 개 보인다. 한 능선의 길이는 60km쯤 되고 다른 한 능선의 길이는 130km쯤 된다. 두 능선은 크레이터의 '이중 고리'이다. 라디틀라디 분지에도 판테온 포사이처럼 깊이 파인 골trough 이 있다. 어쩌면 두 지형에 생긴 홈은 수성의 지표면이 아주 큰 규모로 '팽창'했거나 늘어났다가 줄어드는 과정을 겪으면서 만들어졌을 수도 있다. 라디틀라디 분지에 생긴 홈은 밖으로 뻗어나가지 않고 중심에서 10km 정도 되는 지점까지 얇은 계곡으로 동심원의 형태로 퍼져나간다.

보츠와나의 극작가이자 시인인 리틸레 디상 라디틀라디 Leetile Disang Raditladi (1910~1971)의 이름을 붙인 라디틀라디 분지에서 가장 흥미로운 지형은 황이 나오는 공동空洞(아무것도 없이 텅 빈 큰 골짜기-옮긴이)이다. 공동의 형태가 최근에 틀을 갖추게 된 것으로 보아 수성은 지금도 변하는 행성이라고 여겨진다. 온천처럼 내부에서 일어나는 격렬한 지질 활동이 지표면의 형태를 바꾸는 것이다. 공동은 빛을 아주 잘 반사하기 때문에 적갈색을 띤 수성의 나머지 부분과 달리 푸른빛을 띤다. 수성의 다른 지역에서도 보이는 이 신기한 공동은 가열된 지하 물질이 증발하면서 생성된다고 추정한다. 밤에는 상당히 안정적인 상태를 유지하는 지하 저장 물질이 낮이 되면 그 가운데 일부가 승화 sublimation (고체가 기체 상태로 변하는 물질의 상태 변화 과정-옮긴이)해 기체 상태로 지표면을 뚫고 나오는 것이다.

공동의 깊이는 9m 정도에서 10층 건물 높이 정도로 낮기 때문에 쉽게 오를 수 있다. 길이는 최대 1.6km 정도이다. 공동 안에 서 있으면 아주 밝은 벽을 가진 작은 협곡에 들어와 있다는 기분이 들 것이다. 주변 암석에는 구멍이 잔뜩 있고, 조금씩 커지고 있는 공동은 언제 어느 때라도 무너져 내릴 수 있으니 공동 지역을 탐험할 때는 조심해야 한다. 경험이 많은 여행자라면 이 새롭게 만들어지고 있는 지역은 발밑에서 으스러지면서 내는 소리도, 땅을 이루는 질감도 수십억 년 동안 외부 천체가 충돌해 만들어놓은 오래된 지역과는 다르다는 사실을 알아챌 것이다. 케르테스 크레이터 Kertész crater 와 제아미 크레이터 Zeami crater 같은 곳도 공동을 볼 수 있는 좋은 장소이다.

## ○─ 비글 절벽

라디틀라디 분지에서 남쪽으로 걸어가면 비글 절벽이 나온다. 길이는 644km쯤 되고 높이는 1.6km 정도 되는 비글 절벽은 몇몇 크레이터를 가로지른다. 수성 생성 초기에 내부에 있는 액체 철이 차갑게 식을 때 행성이 수축하면서 만들어진 이런 지형이 지표면에 수십 곳 존재한다. 비글 절벽이라는 명칭은 찰스 다윈 Charles Darwin (1809~1882) 이 남아메리카 대륙과 오스트레일리아 대륙을 돌아다니며 광범위한 연구를 할 때 탔던 비글호 HMS Beagle 라는 유명한 탐사선 이름에서 따왔다. 비글 절벽의 북서쪽에는 1936년에 '이민자 어머니 Migrant Mother' 라는 사진을 찍어 유명해진 미국 사진작가 도로시아 랭 Dorothea Lange (1895~1965)의 이름을 딴 랭 크레이터 Lange crater 가 있다.

## ○─ 라흐마니노프 크레이터

지름이 290km에 달하는 이중 고리 분지인 라흐마니노프 크레이터 Rachmaninoff crater 는 수성의 역사에서 아주 최근에 만들어진 지형이다. 분지 중앙에 있는 130km 너비의 부드러운 붉은색 평원은 용암이 흘러나와 굳은 지형이라고 여겨진다. 밖으로 흘러나온 용암은 평원을 이루는 고리의 남쪽 부분에서 더는 흐르지 못하고 뭉친 것으로 보인다. 운이 좋은 여행자라면 별빛을 받으며 연주하는 침묵의 라흐마니노프 콘서트를 관람할 수도 있을 것이다. 수성에는 소리를 실어 나를 공기가 없기 때문에 오케스트라의 연주는 청중이 들을 수 없다. 수성의 라흐마니노프 콘서트는 존 케이지 John Cage (4분 33초 동안 아무 연주도 하지 않고 침묵을 지키는 〈4분 33초〉라는 작품을 만든 미국 작곡가-옮긴이)에게 바치는 경의라고 생각하면 된다.

# 뭘 하면 좋을까? ☿

## ○─ 생일잔치 두 번 하기

자고로 멋진 휴가라면 시간이 멈춰 완벽한 하루가 영원히 지속되기를 바라야 하는 것 아닐까? 수성에서라면 정말로 꿈에 그리던 휴가를 비슷하게 즐길 수 있다. 지구 시간으로 4224시간 가까이 되는 긴 하루 동안 ─지구 시간으로는 176일에 해당하는데─ 정말로 많은 활동을 할 수 있다. 그 말은 하루에 두 번 생일을 축하할 수 있고(수성의 공전 주기, 즉 1년은 지구 시간으로 88일이다-옮긴이), 수성의 시간 단위를 적용한다면 최대 300살까지 살 수 있다는 뜻이다.

## ○─ 일몰 두 번 관찰하기

어두운 하늘 위에서 독특하게 움직이는 태양을 볼 수 있다는 것도 수성을 방문해야 하는 아주 중요한 이유이다. 물론 간절하게 죽고 싶은 사람이 아니라면 수성의 하늘을 가로지르는 태양을 직접 쳐다볼 수는 없다. 수성에서 태양이 곡예비행을 하는 모습을 안전하게 ─경배하면서─ 지켜보려면 지하에서 망원경으로 봐야 한다. 위치만 제대로 잡는다면 지구 시간으로 88일이라는 긴 시간 동안 천천히 하늘을 가로지르며 나아가는 태양을 볼 수 있고, 지구 시간으로 세 달이나 계속되는 일몰을 향한 여정을 해나가는 동안 태양이 갑자기 가던 길을 멈추고 거꾸로 되돌아가는 것처럼 보이는 특별한 시간도 경험할 수 있다. 수성의 어느 지역에 있느냐에 따라 태양이 갑자기 지평선 밑으로 사라졌다가 다시 올라오는 모습도 볼 수 있다. 이런 현상은 수성이 태양과 가장 가까운 지점에서 공전하고 있을 때 관찰할 수 있으며, 일시적으로 각속도(물체가 운동하고 있을 때 관측 기준점에 대해 물체가 회전하는 속도를 측정한 물리량-옮긴이)가 자전 속도보다 빨라지기 때문에 생긴다. 이는 과거로 돌아간 것과 같은 일이니, 이런 현상을 관찰할 때면 과거를 회상하는 기회를 갖도록 하자. 과거에 쌓인 원한은 잊도록 하고 그날 아침에 —혹은 그전 해에— 저지른 잘못은 없었던 일로 하자 (물론 기준은 지구가 아니라 수성의 시간이다).

하늘에서 태양이 오던 길을 멈추고 되돌아갈 때면 태양이 그 전보다 훨씬 더 커 보일 것이다. 하지만 뜨거운 태양 때문에 내 머리가 어떻게 되었나 보다 하고 걱정할 이유는 하나도 없다. 수성이 태양에 아주 가까워졌기 때문에 지구에서 보는 모습보다 훨씬 더 크게 보이는 것뿐이다. 수성은 원 궤도를 그리며 태양 주위를 도는 지구와 달리 타원에 가까운 궤도를 그리며 공전한다. 그렇기 때문에 태양과 가까워지고 멀어짐에 따라 하늘에서 보이는 태양의 크기도 커졌다가 작아지기를 반복한다. 수성이 태양과 가장 가까운 근일점 perihelion (태양과 46700000km 정도 떨어진 거리)에 있을 때는 지구에서 보는 태양보다 세 배나 큰 태양이 수성의 하늘에 떠 있다. 그와는 반대로 태양과 가장 먼 원일점 aphelion (태양과 69200000km 정도 떨어진 거리)에 있을 때 수성 하늘에 떠 있는 태양은 지구에서 보는 태양보다 두 배 크다.

수성의 하늘에서 태양이 되돌아가는 모습은
태양계에서 관측할 수 있는 가장 흥미로운 현상 가운데 하나이다.
태양이 되돌아가는 것처럼 보이는 이유는
수성이 공전 속도는 빠르고 자전 속도는 느리기 때문이다.

## ○─ 태양풍으로 항해하기

태양 범선의 반사 돛을 펼치자. 빛 입자인 광자photon 가 쏟아져 내려 거울처럼 생긴 반사 돛의 표면을 치면 범선은 아주 조금 앞으로 나갈 것이다. 광자의 부딪침과 복사압radiation pressure 이 함께 작용하면 태양 범선은 태양계에 존재하는 일곱 개 바다를 항해할 수 있다. 기가막히게 빠른 속도로 항해를 할 수는 없겠지만, 시간이 흐를수록 항해 속도는 서서히 빨라져 결국에는 어마어마하게 먼 거리도 충분히 달려갈 수 있을 만큼 빨라질 것이다. 항해하는 동안 태양 플레어를 만날 수 있으니 대비해두자.

## ○─ 영원히 뜨지 않는 해를 기다리면서 걷기

수성의 밤과 낮이 바뀌는 경계선인 터미네이터terminator 위를 천천

히 걸어보는 것, 그것이야말로 수성으로 여행을 떠나는 가장 큰 이유

가운데 하나다. 수성은 아주 느리게 자전하기 때문에 태양이 뜨기 직

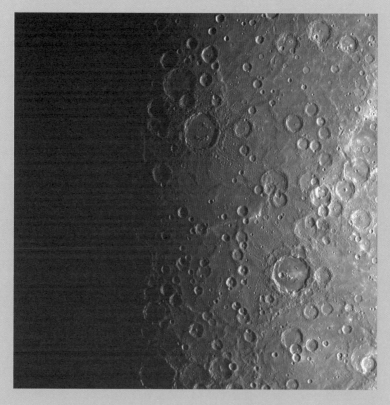

수성의 명암 경계선인 터미네이터는 미래에서 온 사이보그가 아니라,
절반은 환하고 절반은 어두운 행성을 만들면서 천천히 이동하는
밤과 낮의 경계선을 가리키는 용어이다.
NASA/JOHNS HOPKINS UNIVERSITY APPLIED PHYSICS/CARNEGIE INSTITUTION OF WASHINGTON

전에 다시 밤으로 돌아갈 수 있다. 지구에서는 밤과 낮의 경계선에 맞춰서 걸으려면 시속 1600km 정도의 속도로 걸어야 한다. 수성에서는 시속 3.5km 정도의 속도로만 걸으면 밤과 낮의 경계선을 따라 걸을 수 있다.

밤과 낮의 경계선에는 아주 뚜렷한 그늘이 있고, 밤과 낮의 경계를 이루는 안전지대는 사람이 살기에 놀라울 정도로 적합하다. 그러나 경계선을 따라 걷는 속도가 조금이라도 늦어질 때는 목숨을 내놓을 각오를 해야 한다. 자칫 잘못하면 화성의 풍경에 더해진 또 하나의 사람 석탄 덩어리가 될 테니 직사광선은 어떻게 해서든 피하자. 극한 운동을 사랑하는 사람이라면 1만 5300km쯤 되는 수성의 둘레를 밤과 낮의 경계선을 따라 쉬지 않고 한 번에 걷는 모험에 도전해 봐도 된다.

## ○─ 화산 모래 위에서 스키 타기

화산이 폭발한 뒤에 10억 년 동안 대지에 남겨진 화산 모래 언덕은 샌드보드와 스키를 탈 수 있는 환상적인 장소가 되었다. 수성은 중력이 약해서 스키와 샌드보드를 즐기는 사람들이 마음껏 공중으로 날아오를 수 있다. 화산쇄설암pyroclastic 이 쌓여 있는 이런 모래 언덕은 칼로리스 분지의 서남쪽과 코플란드 크레이터Copland crater 의 서쪽을 비롯해 수성 전역에 수십 곳 있다.

## ○─ 외기권의 초자연적인 광채 감상하기

수성의 아주 희박한 양의 대기가 있는 외기권exosphere 에는 나트륨

이 많이 들어 있다. 그 때문에 해가 지면 수성의 하늘은 지구에 있는 공원에 설치한 나트륨 전등처럼 황색으로 빛난다. 수성의 하늘에서 나트륨이 빛나는 모습을 보면 흔히 지구에서 볼 수 있는 오로라를 떠올리기 쉽다. 전체 하늘이 황색으로 빛나며 지평선으로 갈수록 더 밝아진다는 것이 지구 오로라와 수성 밤하늘의 다른 점이다. 다행히 수성에서는 표면 활동을 모두 밤에만 할 수 있으니, 외기권의 광채를 보지 못할 리는 없다.

수성의 리조트에 방문해
저중력 공중 곡예 챔피언십을 구경하자.

## ○─ 유령선 찾아보기

　과학자들은 제일 처음 수성을 방문한 마리너Mariner 10호의 행방을 알지 못한다. 1970년대에 연료가 떨어진 마리너 10호는 우주 속으로 사라져버렸다. 마리너 10호가 사라진 뒤로 이 우주 탐사선의 소식을 들은 사람은 아무도 없다. 그런데, 내부 태양계에서 마리너 10호가 유령선이 되어 출몰한다는 소문이 들려오고 있다. 전설에 따르면 마리너 10호는 여전히 수성 근처에 머물면서 자료를 수집하고 기이하게도 수집한 자료를 텅 빈 우주 공간으로 전송하고 있다고 한다. 수성에는 2015년 4월 30일에 일부러 수성에 충돌해 수명을 마친 메신저 Messenger 호의 잔해도 남아 있다. 메신저 호는 충돌하면서 수성에 지름이 16m 정도 되는 크레이터를 만들었다.

금성은 연인들을 위한 장소라고 한다. 무지무지하게 더운 지표면을 피해 온화한 공중에만 머문다면, 사랑과 미와 욕망의 고대 로마 여신의 이름을 물려받은 금성(비너스)은 일 때문에 생긴 스트레스를 피해 휴가를 즐기러 온 사람들에게 평온한 안식처가 되어줄 것이다. 지구의 밤하늘에 밝게 떠서 어서 빨리 오라고 손짓하는 이 밝은 행성을 많은 사람이 휴가지로 정한다. 금성은 자아 성찰을 좋아하고 낭만적인 사람들에게 적합한 휴가지이다.

지구에서 가장 가까운 행성인 금성은 종종 지구의 뜨거운 쌍둥이라는 평가를 받는다. 금성은 지구와 크기도 비슷하고 중력도 비슷하지만 평균 기온은 지구보다 430℃ 이상 높다. 수성보다 훨씬 뜨거운 금성은 태양계에서 가장 뜨거운 행성이다. 많은 관광객이 금성의 날씨는 도저히 견딜 수 없으리라고 믿는 것도 당연하다. 금성의 하늘에는 태양계에서 사람이 가장 살기 좋은 환경을 갖춘 곳이 있으며, 적절한 조치만 취하면 지표면에서도 다양한 활동을 할 수 있다.

금성의 하늘 위를 둥둥 떠다니는 도시에 앉아서 멋진 구름 속으로 들어가면 강렬한 유황 가스에 휩싸여 마치 천국에 있는 기분을 느낄 것이다. 단, 공기통을 가득 채워놓고 산성에도 녹지 않는 우주복을 입고 있어야 한다는 사실은 잊지 말자. 공중에 떠 있어도 멀미를 할 걱정이 없고 구름을 보는 게 즐거우며 몸을 내리누르는 엄청난 압력도 개의치 않는 사람이라면 금성을 여행할 준비가 된 것이다.

낭만적인 방랑자를 위한 휴가지
금성 ♀

Venus

## 한눈에 살펴보는 금성 ♀ 정보

지름: 지구보다 조금 짧다.

질량: 지구의 81%

색: 황금색부터 적갈색에 이르는 표면이 노란 빛에 싸여 있다.

공전 속도: 시속 12만 5530km

중력이 끄는 힘: 몸무게가 68kg인 사람이 금성에 가면 62kg이 된다.

대기 상태: 이산화탄소 96.5%, 질소 3.5%로 이루어진 두툼한 대기
　　　가 존재한다.

주요 구성 물질: 암석

행성 고리: 없다.

위성: 없다.

기온(최고 기온, 최저 기온, 평균 기온): 464℃, 464℃, 464℃

하루의 길이: 2802시간

1년의 길이: 지구 시간으로 약 7.5개월

태양과의 평균 거리: 약 1억 780만 km

지구와의 평균 거리: 약 3800만~2억 6000만 km

편도 여행 시간: 근접 통과까지 지구 시간으로 100일 소요

지구로 보낸 문자 도달 시간: 2~15분 소요

계절: 아주 조금 변한다.

날씨: 느리지만 강한 바람, 산성비

태양 광선의 세기: 지구보다 2배 정도 밝다.

특징: 공중을 떠다니는 도시

추천 여행자: 열을 찾아다니는 사람, 백일몽을 꾸는 사람

# 금성에 가보기로 결심했다면 ♀

 ## 날씨를 알아두자

금성의 지표면에서 55km 정도 상공으로 올라가면 지구를 제외하고, 태양계에서는 가장 지구를 닮은 기후를 만날 수 있다.《걸리버 여행기》에 나오는 유명한 공중 도시 라퓨타Laputa처럼 금성의 공중 도시도 지상의 잔혹한 환경을 잊어도 좋을 정도로 완벽하게 높은 곳에 떠 있다. 공중 도시의 기온도 상당히 덥기는 하지만 충분히 견딜 수 있는 32℃ 정도이며 기압은 지구의 지표면과 거의 비슷하다.

하지만 지표면에서는 사정이 완전히 달라진다. 초절정 열대 기후를 좋아하지 않는 사람이라면 지글지글 타오르는 금성의 토양은 끔찍한 용광로처럼 느껴질 수 있다. 태양계에서 가장 뜨거운 행성인 금성은 정말로 지옥의 용광로라고 부를 만하다. 금성의 대기를 이루는 기체 가운데 96% 정도는 지구에서 열을 가두는 온실 효과를 일으키는 이산화탄소이다. 온실가스인 이산화탄소가 엄청난 열을 대기 아래에 가두기 때문에 금성의 지표면 온도는 464℃에 달한다. 금성의 대기에 산소가 있다면 종이 한 장쯤은 순식간에 화염에 휩싸일 것이다. 금성은 지구보다도 태양에 가까운 행성이지만 온실가스 효과가 없다면 열을 붙잡고 있을 수 없어 지표면의 평균 온도는 상당히 차가운 -13℃ 정도를 유지할 것이다.

금성의 단단한 지표면은 아주 끔찍한 용광로이지만 예측 가능한 곳이기도 하다. 지각을 둘러싸고 있는 두툼한 대기 덕분에 금성은 밤과 낮은 물론이고 1년을 기준으로 보아도 온도 변화가 없다시피 하다. 자전축이 거의 기울어져 있지 않으며 태양 광선이 대부분의 곳에 비슷하게 내리쬐기 때문에 금성에서는 사실상 계절이라는 개념이 존재하지 않는다.

금성에 구름이 떠 있는 모습
MATTIAS MALMER/NASA

금성의 1년은 지구 시간으로 7개월이 조금 넘으며 자전축을 중심으로 한 바퀴 도는 데 걸리는 시간은 태양계의 그 어떤 행성보다도 길어서 지구 시간으로 243일이나 된다. 따라서 금성의 하루는 지구 시간으로 225일인 금성의 1년보다도 길다. 금성의 자전 속도는 아주 느려서 한 번 자전하는 데 걸리는 시간은, 금성 하늘 한가운데에 떠 있던 태양이 다시 같은 장소로 돌아오는 데 걸리는 시간인 금성의 태양일(지구 시간으로 117일)보다 훨씬 길다.

금성은 태양계에 존재하는 행성 가운데 천왕성을 제외한 모든 행성과 반대 방향으로 자전한다. 천왕성과 금성의 기이한 자전 형태를 역행 운동retrograde motion 이라고 한다. 금성의 지표면에서 금성의 대기 너머에 있는 태양을 볼 수 있다면, 금성의 하루 동안—다행히 잠들지 않고—태양을 관찰할 수 있다면 해가 서쪽에서 떠서 동쪽으로 지는 모습을 볼 수 있을 것이다. 금성이 다른 방향으로 자전하는 이유는 아직 정확하게 밝혀지지 않았지만, 과거에 거대한 소행성과 부딪쳐서 자전 방향이 바뀌었는지도 모른다고 추정하고 있다.

금성의 고대 대양에 존재했던 물은 벌써 오래전에 모두 증발했다. 금성의 지표면에 물을 부으면 소다수처럼 부글부글 거품이 끓어오르며 사라지는 모습을 볼 수 있을 것이다. 엄청난 압력과 이산화탄소로 가득 찬 대기 덕분에 금성의 지표면은 탄산수 제조기처럼 작동한다.

금성의 지표면에서는 아주 느리지만 멈추지 않고 바람이 분다. 바람이 예상치 못하게 아주 강하게 불 때도 있는데, 두툼한 대기는 가벼운 물체를 쉽게 날려버릴 수 있다. 가끔 화산이 폭발하면서 넓은 지역에 산성비가 내리고 날씨가 나빠질 때가 있는데, 산성비는 지표면에 닿기 전에 증발한다. 지구에서 그렇듯이 금성에서도 유황 가스를 머금은 황산 구름이 서로 부딪치면 번개가 친다. 구름 사이로 번개를 볼 기회가 생긴다면 주황색과 노란색이 섞인 하늘에서 섬뜩하게 번쩍이는 불빛을 보게 될 것이다.

 ## 언제 가야 좋을까?

거주 지역을 지표면 위로 높이 떠 있는 안락한 지역으로 한정하고 우주선 안에만 머문다면 언제든 출발해도 좋다. 금성의 하늘은 자아를 성찰하고 싶은 사람들에게는 믿을 수 있는 휴식처가 되어줄 것이다. 금성까지 가는 여정은 길지만, 못 갈만큼 길지는 않다. 금성까지는 몇 년 안에 도착할 수 있으니, 기존에 가지고 있던 삶의 관점을 완전히 바꿀 수 있는 충분한 시간이 있다. 이제 막 대학을 졸업한 사회 초년생들은 잠시 금성에 들러 자신의 존재를 성찰해보는 것도 좋을 것이다. 금성은 인생의 전환점을 맞아 잠시 떠났다가 새로운 활력을 찾아 돌아오기에도 좋은 곳이다.

 ## 출발할 때 유의할 점

이제부터 가고자 하는 휴양지는 우주에 가만히 떠 있는 장소가 아니라 움직이고 있는 곳임을 잊지 말자. 금성은 지구보다 시속 1만 9000km는 더 빠른 시속 12만 6000km 정도의 속도로 태양 주위를 돌고 있다. 지구에서 금성으로 갈 때는 금성이 가장 가까이 있을 때(3800만 km쯤 떨어져 있을 때) 최대로 속력을 내서 출발하는 것이 좋다. 속도의 차이를 줄여보겠다고 거칠게 힘을 사용하면, 그러니까 로켓의 엔진을 자주 점화하면 예기치 못하게 우주선의 경로가 바뀔 수 있을 뿐 아니라 연료도 많이 사용하게 된다. 연료는 무게이고, 무게는 곧 돈임을 기억하자.

두 행성 사이를 오갈 때 호만 전이 궤도Hohmann transfer orbit 를 이용하는 것도 두 천체를 적은 비용과 에너지로 이동하는 한 가지 방법이다. 호만 전이 궤도는 20세기 초에 독일 과학자 발터 호만Walter Hohmann (1880~1945)이 처음 제안한 경로다. 호만 전이 궤도를 택해 여행할 때는 두 행성의 궤도와 만나는 타원 궤도를 그리면서 이동하게 되는데, 지구에서 금성까지는 5개월 정도 걸린다. 지구와 금성은 움직이는 천체이기 때문에 호만 전이 궤도를 이용하면 19개월에 한 번씩 '우주선 발사 가능 시간대 launch window '가 돌아와 두 행성을 이동할 수 있는 기회가 생긴다. 예기치 못한 사정으로 출발이 지연되어 우주선 발사 가능 시간대를 놓치면 1년 하고도 반년을 더 기다려야 한다. 그러니 우주선 발사 가능 시간대가 끝날 무렵에 여행을 떠나는 촉박한 일정은 짜지 않도록 주의하자.

속도가 빠른 금성을 따라잡으려면 지구를 출발할 때부터 속력을 높여야 한다고 생각할지도 모르겠다. 하지만 로켓 과학은 그렇게 단순하지 않다. 금성의 공전 궤도로 들어가 금성의 공전 속도를 맞추려면 우주선은 지구가 태양 주위를 도는 방향과는 반대 방향으로 반동 추진 엔진을 점화해야 한다. 그래야만 태양 가까이 다가갈 수 있고, 결과적으로 훨씬 빠른 속도로 이동할 수 있다.

금성을 여행할 때 좋은 점 한 가지는 금성의 대기는 아주 짙기 때문에 제동 장치를 사용하는 비용을 절반 정도로 낮출 수 있다는 것이

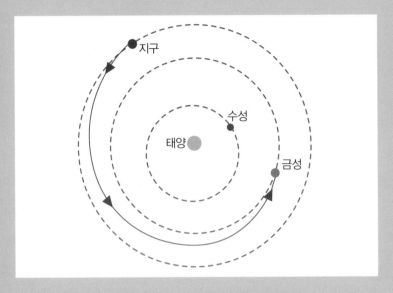

지구와 이웃해 있는 금성은 아주 뜨거운 휴가를 즐길 수 있는 행성이다.

다. 금성에 도착하면 금성 대기의 상부를 따라 쭉 이동하면서 우주선의 속도를 낮출 수 있다. 그런가 하면 안 좋은 점도 한 가지 있다. 금성의 대기는 너무 짙기 때문에 잘못하면 우주선이 불타버릴 수도 있다는 것이다.

 ## 드디어 도착

오랫동안 칠흑처럼 어두운 우주를 날아온 뒤에 너무나도 밝게 빛나는 금성을 보면 눈이 멀 수도 있다. 금성의 지표면은 그다지 밝지 않지만 하늘 꼭대기에 떠 있는 구름은 정말로 밝다. 두툼한 구름 사이로 화려한 공중 도시의 우주 비행선 갑판이 모습을 드러냈다가 사라지는 것이 보일 것이다. 공중 도시의 갑판이야말로 안전하고 화려한 공중 휴가지에서 제일 처음 들러야 하는 곳이다.

어딘지 모르게 친숙한 금성의 하늘은 왠지 당신을 환영해 주고 있다는 느낌이 들 테다. 하지만 이산화탄소가 가득한 금성의 대기에서는 한순간에 질식해 죽을 수도 있다. 금성의 두툼한 대기의 바다에서 누릴 수 있는 좋은 점도 있다. 금성의 대기 위로 지구의 공기를 띄울 수 있다는 것이다. 지구에서는 헬륨 풍선을 하늘로 올릴 수 있는 것처럼 금성에서는 지구의 공기를 가득 채운 숙소를 하늘로 띄울 수 있다. 독창적인 20세기 발명가 버크민스터 풀러Buckminster Fuller (1895~1983)는 공중에 떠 있는 지오데식 거주지geodesic habitats 를 고안했다. 그 이름을 물려받은 금성의 텐세그리티 시Tensegrity City 는 지구의 도시만큼이나 크다.

금성의 하늘에 방어막을 만들고 방어막 내부를 지구의 대기와 비슷한 공기로 채운 텐세그리티 시는 금성의 하늘을 둥둥 떠다닌다. 텐세그리티 시에서 창문 밖을 내다보면 이 도시가 두툼하고 하얀 구름 속에 있음을 알 수 있다. 그런데 구름이 드러내는 그 선량한 모습에 속으면 안 된다. 금성에서 떠다니는 구름은 많은 경우 아주 강한 부식성 황산일 테니까.

금성의 경우 지상에서의 하루는 2802시간이지만 구름과 함께 하늘에 떠 있는 도시에서는 100시간 정도면 금성을 한 바퀴 돌 수 있다. 이는 50시간 동안 계속되는 낮과 50시간 동안 계속되는 밤에 익숙해져야 한다는 뜻이다. 금성의 공중 도시에서는 24시간을 기준으로 한 번 잠을 자는 것을 관습으로 채택했다. 따라서 낮에 두 번, 밤에 두 번 자야 한다. 호텔 방 창문은 구름을 볼 수 있도록 아주 커다랗게 만들었지만 해가 떠 있을 때 잘 수 있도록 완전히 빛을 차단하는 장치도 설치해 두었다.

바람 때문에 흔들리는 공중 도시에서는 다리에 힘이 풀려 부들부들 떨릴 수도 있는데, 아무 문제 없이 서 있으려면 어느 정도 시간이 필요할 수도 있다. 공중 도시에 도착하는 즉시 걷고 서는 데 문제가 없는 사람도 있지만 일주일 정도 메스꺼움을 느끼는 사람도 있다. 바람에 살며시 흔들리는 것 외에도 끊임없이 발생하는 난기류 때문에 공중 도시가 심하게 흔들릴 수도 있다. 지구에서 폭풍이 불면 경보가 울리듯이 금성의 공중 도시에서도 난기류가 발생하면 경보를 울려 가까운 대피소로 들어가 바람이 지나갈 때까지 웅크리고 앉아 있어야 한다는 사실을 알려준다.

지표면으로 내려가는 여행 상품을 선택한 관광객이라면 금성의 지표면 환경은 하늘과는 완전히 다르다는 사실을 깨닫게 될 것이다. 금성의 지면은 오븐이기도 하고 압력솥이기도 하다. 금성의 지면이 받는 압력은 지구 해수면이 받는 압력보다 90배 큰데, 이는 해저 900m에서 받는 압력과 거의 비슷하다.

하지만 지표면에서 보게 될 광경은 그 모든 어려움을 기꺼이 감수할 가치가 충분히 있다. 공중 도시에서 밑으로 내려가 올려다보는 금성은 사랑스럽고 옅은 주황색 빛으로 아른거린다. 빛이 공기 속에서 이동할 때 파란색 계통의 빛은 붉은색 계통의 빛보다 훨씬 쉽게 흩어진다. 지구의 하늘이 파란 이유는 바로 그 때문이다. 금성의 대기는 훨씬 두툼하기 때문에 흩어진 파란빛은 아주 쉽게 흡수되고 주황색 빛만이 남아 금성의 하늘을 영원히 살구색으로 물들인다. 금성의 하늘을 보면 지구의 석양이 떠오를 테지만, 구름이 아주 두툼해서 해를 볼 수는 없다.

금성의 지표면은 빛이 많이 들지 않아 아주 으스스한 기분이 느껴진다고 말하는 사람도 있다. 어스름한 주변 환경 때문에 시각이 왜곡되기도 한다. 사막에서 보는 신기루처럼 금성의 지표면에서는 하늘에서 내려오는 빛이나 멀리 있는 물체가 굴절되어 보이기도 한다. 지표면에서는 눈이 받아들이는 정보를 완전히 믿기는 어렵기 때문에 길 찾는 데 어려움을 겪는다.

멀리 있는 물체를 보려고 괜히 눈을 부릅뜨고 노려보지 말고 길을 찾을 때는 지도나 위성 항법 장치를 사용하자. 금성의 지표면에서는 시각이 왜곡되는 것 외에 청각도 신비한 경험을 한다. 대기가 두툼하고 걸쭉해 훨씬 깊은 소리가 나기 때문에 사람들이 내는 목소리는 크게 울려 으스스한 고함소리처럼 들린다.

##  금성에서 돌아다니려면

금성에서는 구름 속을 돌아다닐 방법이 많다. 금성은 대기가 두툼하기 때문에 글라이더를 타기에 좋다. 금성용 경비행기는 지구에서 타는 비행기와 놀라울 정도로 닮았다. 금성은 태양과 가까이 있기 때문에 태양에너지만으로도 충분히 비행기를 운행할 수 있다. 지구보다 두 배나 강렬한 태양 광선이 내리쬐는 구름 꼭대기로 올라가기만 하면 경비행기를 몰 수 있는 충분한 에너지를 확보할 수 있다. 두툼한 구름 속으로 너무 깊숙이 들어가거나 태양 광선이 도달하지 않는 밤 지역으로 너무 멀리까지 비행하지는 말자. 잘못했다가는 연료가 떨어

울퉁불퉁한 금성 지표면을 다니려면 튼튼한 차량을 이용해야 한다.

져 끔찍하게 죽을 수도 있다.

　텐세그리티 시에서 바글거리는 사람을 더는 참지 못하겠고 어디론가 도망치고 싶다면 개인 우주선을 빌려 구름 속으로 사라져버리자. 1인용 우주선을 빌리거나, 좀 더 편안하게 이동하고 싶은 사람은 2인용 우주선을 빌려 공중 도시를 벗어나면 기류를 타고 날면서 구름을 구경할 수 있다. 단, 혼자서 비행을 할 때는 제트 기류에 휩쓸리지 않도록 조심해야 한다.

　금성 하늘 아래 있는 유명한 용암 평원에 가보고 싶은 사람은 명심해야 할 점이 있다. 금성에서 지표면으로 내려가는 모험은 지구 대양에서 수천 m 깊이로 잠수하는 모험과 동일하며, 지구 해저보다 30배는 더 뜨겁다는 사실이다.

금성의 지표면 같은 곳을 여행하려면 바퀴 달린 잠수함처럼 생긴 튼튼한 운송 수단이 필요하다. 건조한 금성의 지표면을 탐사하는 동안 튼튼한 레저용 차량(RV)은 안전한 집이 될 것이다. 작열하는 금성의 날씨를 견디려면 반드시 에어컨이 있는 차량을 선택해야 한다.

# ♀ 가볼 만한 곳들

## ○─ 이슈타르(이슈타르 테라 Ishtar Terra)

  바빌로니아의 사랑의 여신 이름을 본 따 지은 이슈타르Ishtar 는 건
조한 육지에 둘러싸여 있는 섬이다. 지구에 존재하는 대륙과 비교해
본다면 이슈타르는 오스트레일리아 대륙보다 조금 더 크다. 이슈타르
의 동쪽 능선에는 에베레스트 산보다 높은 맥스웰 산맥Maxwell Mountains

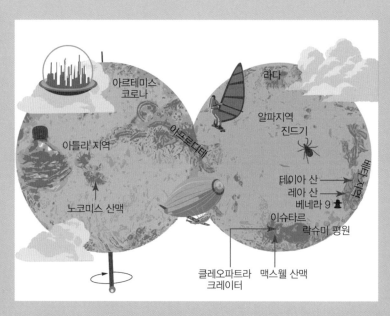

땅에도, 하늘에도 금성은 보고 즐길 거리가 가득하다.

이 있다. 사카자웨어Sacajawea 화산과 클레오파트라Cleopatra 화산은 이 맥스웰 산맥의 일원이다. 이슈타르에는 지구에 있는 티베트 고원과 높이가 거의 같은 락슈미 평원(락슈미 플라눔Lakshmi Planum )이 있다.

바빌로니아 신화에서 이슈타르 여신은 지하 세계로 여행을 떠나는데, 지하 세계의 신은 이슈타르 여신이 문을 통과할 때마다 옷을 하나씩 벗게 만들었다. 하지만 지구인이 이슈타르를 탐사할 때는 우주복을 입고 있는 것이 좋다. 우주복을 벗었다가는 몇 초도 지나지 않아 의식을 잃고 숨이 막혀 죽을 테니까.

## ○─ 아프로디테(아프로디테 테라Aphrodite Terra )

크기가 거의 아프리카 대륙만 한 아프로디테는 금성의 적도에 대부분 걸쳐 있으면서 남반구 쪽으로도 길게 뻗은 채로 높이 솟아 있다. 두 고원, 오브다 지역(오브다 레기오Ovda Regio )과 테티스 지역(테티스 레기오Thetis Regio )에도 가보자. 엄청난 지진과 지각 변동 때문에 아프로디테 바닥은 거대한 타일을 깔아놓은 것처럼 보인다. 서로 교차하는 능선과 절벽이 사뭇 신기한 절경을 이루고 있다.

## ○─ 알파 지역(알파 레기오Alpha Regio )

알파 지역의 동쪽에는 거대한 팬케이크처럼 생긴 원형 언덕이 일곱 개 겹쳐 있는 팬케이크 돔 열pancake dome chain 이 있는데, 둥글고 평평하고 거대한 이 언덕들은 표면이 갈라져 있다. 팬케이크 돔은 지구에서는 발견할 수 없는 아주 독특한 화산이다. 걸쭉한 용암이 지표면으로 분출해 식을 때 기체가 빠져나가면서 만들어졌다고 추론하고 있

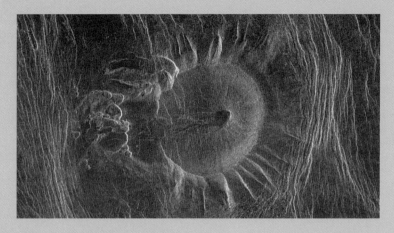

독특한 모양 때문에 '진드기'라는 이름이 붙은 금성의 화산.
너비가 35km쯤 된다.
NASA

다. '진드기the Tick'라고 부르는 화산은 특히 관심을 갖고 살펴보자. 공중에서 진드기를 보면 진드기의 다리처럼 160km 이상 뻗어 있는 여러 능선과 계곡을 볼 수 있다.

## ○— 베타 지역(베타 레기오Beta Regio)

이 산악 지대에는 커다란 산이 둘 있다. 테이아 산(테이아 몬스Theia Mons)와 레아 산(레아 몬스Rhea Mons)이 그 둘인데, 이 두 산은 쌍둥이 산처럼 꼭 닮아 있지만 사실 테이아 산은 화산이고 레아 산은 화산이 아니다. 테이아 산은 지구에 있는 마우나케아Mauna Kea처럼 넓고 완만하게 펼쳐진 순상화산楯狀火山으로 오랜 세월에 걸쳐 흘러나온 용암이 층층이 쌓여 형성됐다. 레아 산과 베타 지역의 남쪽에는 지름은

160km에 달하고 깊이는 가장 얕은 곳이 6.5km쯤 되는 데바나 협곡
(데바나 카스마Devana Chasma )이 있다.

## ○─ 라다(라다 테라Lada Terra )

헬렌 평원, 라비니아 평원, 아이노 평원에 둘러싸인 이 높은 지대는
바다로 둘러싸이지는 않았지만 거대한 대륙처럼 보인다. 이 지대의
주변 풍경은 아주 사랑스럽다. 땅 위에 깊이 새겨진 열곡裂谷, rift valley
을 찾아가 아래를 내려다보자. 화산 활동과 지각 변동으로 고리를 이
루고 있는 케찰페틀라틀 코로나Quetzalpetlatl corona 도 잊지 말고 다녀
오자.

## ○─ 초창기 우주 탐사선 착륙 장소

로봇이 죽어 있는 장소로 조문을 가보자. 1961년부터 소련은 금성
을 연구할 탐사선을 보내기 시작했다. 하지만 초기 탐사선은 극도로

금성의 초기 탐사 때 찍은 지표면 사진
RUSSIAN SPACE AGENCY

가혹한 금성의 환경을 견디지 못했고, 쓸 만한 자료를 지구로 보내기 전에 작동을 멈추고 말았다. 소련 공학자들은 거듭되는 시행착오를 겪으면서 뜨거운 행성에서 견딜 수 있는 탐사선을 만드는 방법을 알아갔다. 그리고 여덟 번째로 시도한 금성 탐사 계획에서 마침내 우주 탐사선은 작동을 멈추기 전에 한 시간 동안 금성의 지표면을 돌아다닐 수 있었다. 소련의 베네라Venera 9호와 베네라 10호는 우주 탐사선 최초로 금성의 지표면 사진을 찍어 지구로 전송했다. 1978년에 발사한 미국항공우주국의 파이오니어-비너스 2호는 금성의 대기를 탐사한 뒤에 아주 잠깐 동안 금성의 지표면에서 자료를 전송했다. 많은 사람이 로봇 탐사선이 충돌한 장소를 즐겨 찾지만, 로봇 학살 현장에 충격받지 않으려면 단단히 마음먹고 가야 한다.

## 뭘 하면 좋을까? ♀

### ○─ 구름 속에서 걸어보기

물론 신선한 금성의 공기를 마음껏 들이마시지는 못하겠지만 전망대로 나가면 철저하게 통제된 공중 도시를 벗어나 잠시 밖을 거닐 수 있다. 공중에 떠 있는 도시의 기압은 지구의 기압과 비슷하다. 강한 산성을 막아줄 장비와 숨 쉬는 데 필요한 공기만 갖추고 나간다면 기압을 조절할 거추장스러운 우주복을 입지 않고도 금성의 구름 위를 걸어볼 수 있다.

한편 두툼한 황산 구름 속으로 들어가거나 강한 바람에 날려가지 않으려면 언제나 공중 도시의 고도와 기상예보를 확인해야 한다. 산성 구름 때문에 심각한 화상을 입으면 완벽하게 구름 속을 산책하겠다는 계획은 어긋나고 말 테니까.

### ○─ 별 보기

금성에서 아주 긴 밤을 보내는 동안 구름 너머로 보이는 지구를 찾아보자. 우주선은 자주 흔들리고 덜컹거리기 때문에 하늘을 관찰할 수 있는 좋은 장소는 아니다. 흔들리는 곳에서 하늘을 관찰하려면 망원경이 제 기능을 발휘할 수 있도록 망원경을 고정할 받침대를 준비해야 한다. 망원경이 없다면 쌍안경을 이용해도 되는데, 쌍안경으로 보는 지구는 살짝 파란빛을 띤 밝은 점으로 보일 것이다. 금성과 가까운 수성은 지구에서 볼 때보다 훨씬 쉽게 찾을 수 있지만, 화성은 훨씬 더 희미하게 보인다. 어쩌면 지구 주위를 도는 달도 볼 수 있을 것이다. 그 외에 나머지 천체들의 모습은 지구에서 보는 모습과 크게 다르지 않을 것이다.

## ○─ 테라서핑

금성에서 즐길 수 있는 테라서핑은 시원한 바람이 없고 반짝이는 바다를 볼 수 없다는 점만 빼면 지구에서 즐기는 윈드서핑과 상당히 비슷하다. 두툼한 대기로 감싸여 있는 금성에서는 바퀴 달린 밀폐된 서핑보드를 타고 땅 위를 미끄러지듯 달리면 흙으로 덮인 땅을 따라 묵직하게 부는 바람을 타고 쉽게 앞으로 나갈 수 있다. 이 바람과 서핑보드의 돛을 적절하게 조절하면 시속 몇 km밖에 되지 않는 금성의 자연 바람보다 빠른 속도로 달릴 수 있다. 금성에서도 가장 큰 분지 가운데 하나로 꼽히는 아탈란타 평원(아탈란타 플라니티아Atalanta Planitia)은 테라서핑을 즐기기에 아주 좋다. 지표면이 매끄러워 레이싱을 하기에도 이상적인 장소이다.

## ○─ 플라스틱 병 찌그러뜨리기

금성에서 할 수 있는 가장 매력적인 스포츠는 아니지만 공중 도시를 찾은 많은 사람이 플라스틱 병 찌그러뜨리기를 한다. 플라스틱 병 찌그러뜨리기를 하려면 먼저 밀봉한 플라스틱 병에 아주 긴 실을 달고 낚시를 하는 것처럼 공중 도시 밑으로 내려야 한다. 어느 정도 병이 내려가 충분히 높은 압력을 받으면 플라스틱 병은 구겨지기 시작

금성에서는 바람을 타고 새로운 고도로 솟구쳐 오를 수 있을 것이다.

할 것이다. 계속해서 아래로 내리면 어느 순간 플라스틱 병은 완전히 녹아 없어질 것이다.

지구인 가운데 이 붉은 행성의 지표면을 밟고 싶지 않은 사람이 과연 있기는 할까? 연한 황갈색 하늘, 거대한 협곡, 태양계에서 가장 높은 화산이 있는 화성은 낭만과 모험을 꿈꾸는 사람들 모두에게 오아시스 같은 곳이다. 광활하고 매섭게 차가운 사막은 이국적이면서 동시에 이상할 정도로 친숙하기도 하다. 화성은 마치 대양은 말라버리고 공기는 모두 날아가버린 지구를 작게 축소해놓은 것처럼 보인다. 묵직한 중력과 공기에서 벗어나 흙과 돌과 호화로운 리조트만을 남긴 작은 지구처럼 보이기도 한다.

화성에서는 날아갈 것처럼 가볍다는 기분이 들 수도 있지만 그래도 여전히 땅에 발을 딛고 서 있을 수밖에 없다. 화성의 중력은 지구 중력의 3분의 1보다 조금 크다. 적도 부근의 기온은 21℃ 정도로 온화하지만 화성의 기온은 대부분 -62℃ 정도이다. 이미 달에는 다녀왔고, 다시 한번 우주여행을 떠나고 싶지만 목성처럼 한 번 다녀오는 데 평생이 걸리는 곳은 망설여진다면, 화성이야말로 적당한 여행 장소이다.

붉은 모래로 가득한 사막의 별
# 화성

Mars

# 한눈에 살펴보는 화성♂정보

지름: 지구 지름의 절반보다 조금 크다.

질량: 지구의 11%

색: 황갈색, 갈색, 녹슨 것처럼 보이는 붉은색

공전 속도: 약 시속 8만 7000km

중력이 끄는 힘: 몸무게가 68kg인 사람이 화성에 가면 26kg이 된다.

대기 상태: 아주 희박하다. 주로 이산화탄소로 이루어져 있고, 질소·
      아르곤·산소·일산화탄소가 소량 들어 있다.

주요 구성 물질: 암석

행성 고리: 없다.

위성: 2개

기온(최고 기온, 최저 기온, 평균 기온): 35℃, -89℃, -63℃

하루의 길이: 24시간 40분

1년의 길이: 지구 시간으로 23.5개월

태양과의 평균 거리: 약 2억 2900만 km

지구와의 평균 거리: 약 5500만~4억만 km

편도 여행 시간: 랑데부까지 지구 시간으로 200일 정도 소요

지구로 보낸 문자 도달 시간: 3~22분 소요

계절: 혹독하게 추운 겨울과 쌀쌀한 여름

날씨: 모래폭풍이 가끔 불고 구름이 자주 낀다.

태양 광선의 세기: 지구의 절반에 못 미친다.

특징: 태양계에서 가장 큰 화산인 올림포스 산과 가장 큰 협곡인 마
      리너 계곡이 있다.

추천 여행자: 암벽 등반가, 저중력 환경에서 하이킹을 하고 싶은 사람

# 화성에 가보기로 결심했다면 ♂

 **날씨를 알아두자**

무더운 여름의 열기에서 벗어나고 싶은 사람은 살이 에는 듯이 추운 화성으로 잠시 여행을 다녀오는 것이 좋겠다. 지구보다 1.5배 정도 태양에서 멀리 떨어져 있는 화성은 지구보다 훨씬 춥다.

화성의 자전축은 지구의 자전축보다 불과 2° 정도 덜 기울어져 있다. 그래서 화성에도 지구와 비슷한 계절 변화가 있다. 하지만 대기가 훨씬 희박하기 때문에 계절이 변하는 정도는 훨씬 약하다. 화성에는 눈보라도, 뇌우도 낙엽도(사실 나무도) 없다. 계절은 아주 미묘하게 바뀐다. 태양 광선이 암석에 내리쬐는 방식에서, 바람이 부는 강도와 방향에서, 하늘에 나타난 구름을 보면서 계절 변화를 느낄 수 있다. 화성에서 계절 변화를 가장 뚜렷하게 관측할 수 있는 곳은 극지방이다. 극지방에서는 태양 광선의 변화에 따라 극관polar cap (극지방에서 얼음이 덮여 빛나는 부분-옮긴이)의 크기가 달라진다.

지구와 자전축의 기울기는 거의 비슷하지만, 화성은 지구보다 훨씬 뚜렷한 타원 궤도로 공전한다. 많은 사람이 지구에 계절이 생기는 이유는 태양과의 거리가 달라지기 때문이라고 생각한다. 하지만 지구의 공전 궤도는 거의 완벽한 원의 형태이기 때문에 모든 계절에 거의 비슷한 거리를 유지하며, 태양과의 거리는 지구의 계절 변화에 크게 영향을 미치지 않는다. 그러나 화성의 공전 궤도는 타원이기 때문에 자전축의 기울기는 물론이고 태양과의 거리도 계절 변화에 영향을 미친다. 화성이 태양과 가장 멀리 떨어져 있을 때는 남반구가 겨울이다. 남반구의 겨울은 정말 매섭게 춥다. 하지만 북반구가 겨울일 때는 태양과 가장 가까울 때이기 때문에 북반구의 겨울은 남반구의 겨울처럼 춥지는 않다.

계절에 상관없이 화성에서의 삶은 흙먼지와의 동행이라고 할 수 있다. 화성의 먼지는 제2의 피부처럼 우주복에 달라붙을 테고, 외부 공기를 차단한 로버와 숙소 안으로, 기계 장치 속으로 기어들어와 문제를 일으킬 것이다. 자주 행성을 뒤덮는 모래폭풍은 가끔은 태양도 완전히 가려버린다. 모래폭풍이 불 때 가장 좋은 대피 전략은 숙소나 차량 안으로 들어가 폭풍이 지나갈 때까지 기다리는 것이다. 화성의 모래폭풍은 보기에는 무시무시하지만 생각만큼 끔찍하지는 않다. 화성의 대기 농도는 지구 대기 농도의 100분의 1 정도밖에 되지 않기 때문에 앞이 잘 안 보이고 태양광 발전을 할 수 없어도 모래폭풍이 만드는 바람은 강풍이라기보다는 여름날 불어오는 미풍 정도에 불과하다. 그러나 계절이 바뀔 때는 가끔 아주 강한 폭풍이 불기도 한다. 특히 극지방의 얼음극관 부근에서 강한 폭풍이 분다.

화성의 하늘에서는 가끔 구름이 생성되기도 한다. 화성의 구름은 대부분 물 알갱이로 이루어져 있는데, 주황색 하늘 위에 떠 있는 흰색 구름은 정말로 인상적이다. 화성의 구름은 낮은 고도에서 생성되며 얇고 성기다. 지구의 지표면에서 생성되는 안개처럼 화성의 구름은 낮은 지대에 위치한 ―특히 마리너 계곡의 깊은 협곡 같은― 차가운 지표면 위에서 생성된다. 지구의 안개처럼 화성의 구름도 해가 떠오르면 사라진다.

사방에 모래가 있지만 화성에서는 지구의 해변 같은 곳은 눈을 씻고 찾아봐도 찾을 수가 없다. 지구 해발 30km 높이에서 작용하는 대기압이 화성에서는 지표면에서 작용하기 때문에 액체 상태인 물은 아주 오래전에 증발해버렸다. 지구에서라면 이렇게 낮은 기압에서는 물의 어는점보다 훨씬 낮은 온도에서도 물이 기체로 바뀐다. 당연히 화성의 표면에서 흐르는 물을 본다는 것은 아주 진귀한 경험이기 때문에 관광객들은 어쩌다가 잠시 동안 지표면을 흐르게 된 물을 찾아다니는 재미를 누리기도 한다. 물이 액체 상태로 지표면을 흐르는 빈도는 계절에 따라 다른데 주로 여름에 많이 나타난다. 아르지레 분지 Argyre basin 북쪽에 있는 헤일 크레이터 Hale crater 는 이런 천연 물줄기를 찾아볼 수 있는 좋은 장소이다.

영원히 빛이 들지 않는 크레이터들 때문에 굉장히 많은 얼음이 쌓여 있는 양쪽 극지방을 제외하면 화성의 물은 대부분 지표면 아래에 있다. 화성에서는 물을 찾았다고 해도 덥석 마시면 안 된다. 반드시 정수 과정을 거친 뒤에 마셔야 한다. 화성에서 물이 얼지 않았다는 것은 염분이 많이 들어 있다는 뜻인데, 과염소산염 perchlorate 이 들어 있는 경우도 많다. 과염소산염은 로켓 연료를 만들 때는 유용하지만 독성이 강해서 사람에게는 좋지 않다.

 **언제 가야 좋을까?**

화성은 언제 가든지 구경거리가 있다. 북반구가 겨울일 때 화성에 가면 가장 넓어진 북극관을 볼 수 있다. 언제 어느 때 화성에 가더라도 두 반구 가운데 한 곳에서 '끝이 없는 여름'을 경험할 수 있다. 물론 정말 끝이 없는 여름은 아니다. 화성의 여름은 지구 여름의 두 배 정도 길다. 여름 방학을 무진장 고대하는 학생이나 선생님에게는 좋은 소식 아닐까.

북반구가 여름일 때 화성은 태양에서 가장 멀리 떨어져 있다. 구름을 찾는 사람들이라면 대부분 적도 근처에서 구름을 볼 수 있을 것이다. 구름이 전혀 없는 하늘을 보고 싶다면 남반구가 봄과 여름일 때 화성에 가면 된다. 하지만 이때는 모래폭풍이 가장 많이 부는 시기라는 점을 명심하자.

##  출발할 때 유의할 점

휴가 장소가 출발하는 곳과는 다른 속도로 움직이는 곳이라면 어디나 그렇듯이 화성으로 휴가를 떠날 때는 출발 시기를 신중하게 결정해야 한다. 지구가 시속 10만 7200km로 움직일 때 화성은 8만 6650km로 움직인다. 아주 느리게 움직이는 친구와 함께 육상 트랙을 도는데, 트랙 안쪽에서 돌고 있는 당신이 트랙 바깥쪽에서 도는 친구에게 공을 던진다고 생각해보자. 친구가 저 멀리 트랙 반대편에 있는데 공을 던지지는 않을 것이다. 분명히 당신은 친구의 움직임과 공이 이동하는 시간을 고려해 가장 적절한 순간에 공을 던질 것이다. 지구에서 화성으로 갈 때에도 지구와 화성이 가장 적절한 위치에 있을 때까지 기다렸다가 출발해야 한다.

화성은 지금 당장이라도 출발할 수 있다. 화성의 좌표를 행성 간 항법 장치에 입력하고 우주선에 시동을 걸고 날아간 다음에 끼이익 소리를 내면서 화성에 착륙하면 된다. 하지만 우리는 그 방법은 권하고 싶지 않다. 화성은 태양과 가장 멀리 떨어져 있고 지구는 태양과 가장 가까운 위치에 있을 때를 기준으로 그릴 수 있는 타원 궤도, 즉 호만 전이 궤도를 이용하면 언제 가든 우주선을 타고 출발할 때보다 에너지가 훨씬 적게 든다. 그러나 호만 전이 궤도를 이용하려면 두 행성이 가장 좋은 위치에 있게 되는 우주선 발사 가능 시간대를 기다려야 한다. 이 시간대에 당신과 당신의 친구는 서로 공을 주고받을 수 있는 최상의 위치에 있게 된다. 호만 전이 궤도를 이용할 수 있는 시기는 화성의 1년쯤에 해당하는 24.5개월에 한 번씩 찾아온다. 이상적인 우주선 발사 가능 시간대에서 멀어지면 멀어질수록 화성에 갈 때 필요한 연료가 증가한다는 사실을 기억하자.

일단 화성에 도착하면 적어도 18개월은 기다려야 집에 돌아올 기회를 잡을 수 있다. 따라서 첫 번째 출발 기회를 놓치면 다시 두 행성이 적절한 위치에 서게 될 때까지 3년 하고도 6개월을 더 기다려야 한다는 사실을 잊지 말자. 지구 귀환 우주선을 놓친다고 세상이 끝나지는 않는다. 달리 생각하면 아주 긴 휴가를 즐길 수 있는 절호의 기회일 수도 있다. 우주선을 놓치고 부득이하게 휴가를 늘려야 한다고 해도 상사가 핑계대지 말라며 당신의 귀환을 재촉할 방법은 하나도 없으니까.

올드린 사이클러Aldrin cycler 도 화성을 저렴하게 갈 수 있는 방법 중 하나다. 올드린 사이클러는 화성으로 가는 지하철 노선이라고 보면 된다. 지구와 화성을 정기적으로 오갈 수 있는 안정적인 궤도인 올드

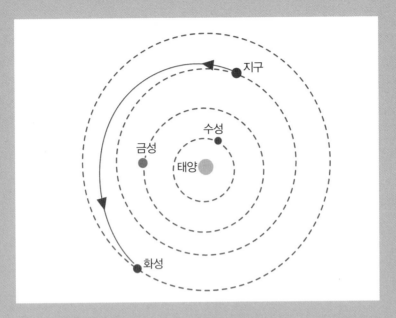

올드린 사이클러를 이용해 화성까지 저렴한 비용으로 여행하자.

린 사이클러를 이용하는 우주선은 지구와 화성의 중력 도움을 받아 연료를 절약할 수 있다.

올드린 사이클러를 이용하는 우주선의 수에는 제한이 없다. 이 궤도로 지구에서 화성까지 가는 데 걸리는 시간은 147일이다. 올드린 사이클러를 오가는 데 드는 비용이 상당히 저렴한 이유는 이동하는 동안 연료를 거의 사용하지 않기 때문이다. 가끔 엔진을 점화하는 것만으로도 충분히 화성까지 갈 수 있다.

##  드디어 도착

멀리서 보는 화성은 하늘에 떠 있는 아주 작고 붉은 점처럼 보인다.

하지만 가까이 다가갈수록 화성의 붉은색은 점점 더 넓게 퍼지고 화성의 특징들이 구체적으로 보이기 시작한다. 화성의 표면을 깊고 길게 가르고 있는 마리너 계곡Mariner Valley 을 찾아보자. 가까이 다가가 탐사할 마음의 준비가 됐다면 우주왕복선에 올라타고 암석으로 덮여 있는 계곡으로 내려가보자. 화성의 붉은 암석을 보는 순간 경이로움에 사로잡힐 것이다. 소방차처럼 강렬한 붉은색이 아니라 지구에서 볼 수 있는 녹슨 쇠 같은 붉은색을 띠는 이유는 화성의 암석에 산화철이 들어 있기 때문인데, 이는 화성에도 한때는 물이 흘렀다는 증거이다.

화성은 많은 면에서 유타 주에 와 있는 것 같다는 기분(유타 주에는 브라이스캐니언과 아치스 국립공원 등 바닷물이 증발해 만든 소금층과 소금층 위에 쌓인 흙먼지로 이루어진 독특한 지형이 많다-옮긴이)이 들게 하는 행성이지만, 화성에서 빛이 암석에 부딪치는 방식은 지구에서와는 조금 다르다. 화성에 도착하면 화성이 바위로만 뒤덮여 있는 것이 아니라 여기저기 내려앉고 침투해 들어가는 미세한 먼지로 덮여 있다는 사실도 곧 알 수 있을 것이다. 화성을 뒤덮고 있는 미세한 먼지는 바람에 날려 공중으로 날아오른다. 먼지를 붙잡을 수분이 거의 없기 때문에 지구에서 비가 내리듯이 화성에서는 먼지가 내리는데, 이 주기는 끝없이 반복된다. 화성의 하늘이 독특한 주황색을 띠는 것도 공중에 먼지가 가득 떠 있기 때문이다.

화성에서의 밤과 낮의 변화는 지구와 비슷하다. 화성의 하루는 지구보다 조금 길다. 언제나 하루가 조금 더 길었으면 하고 바라는 사람에게는 소원을 성취할 수 있는 절호의 장소인 것이다. 화성의 하루는 지구의 하루보다 40분 길어서 몇 가지 일을 더 처리하거나, 모래 언덕 위에서 조금 늑장을 부릴 시간은 충분하다. 화성의 시간대로 생활하려면 화성에 도착하자마자 지구에서 차고 간 시계를 풀어놓고 화성의 시간대로 시침과 분침과 초침을 만든 화성 시계를 차면 된다. 화

올림포스 산(아래)은 많은 관광객이 찾는 화성의 명소이다. 아스크라이우스 화산(가운데 왼쪽), 파보니스 화산(가운데 중앙), 아르시아 화산(가운데 오른쪽)도 반드시 다녀오자. 밤의 미로(위 왼쪽)를 걸어보는 것도 잊지 말고
ESA/DLR/FU BERLIN/JUSTIN COWART

성 시계는 모든 바늘이 지구 시계의 바늘보다 조금 길다(정확히는 2.7% 길다).

화성의 하루는 솔sol 이라고 부른다. 1솔은 화성 시계로 정확히 24시간이다. 화성 용어로 하루는 투솔tosol 이라고 부르고 어제는 예스터솔yestersol 이라고 한다. 내일은 넥스트솔nextsol , 모로우솔morrowsol , 솔모로우solmorrow 가운데 마음 내키는 대로 말하면 되고, 혹시라도 솔리데이soliday 중이냐고 묻는 사람이 있으면 화성에 휴가를 보내러 왔는지를 묻는 것이니 적절하게 대답하면 된다. 이 용어들은 모두 미국항공우주국에서 로버를 조종하는 사람들이 지구와 다른 화성의 시간을 나타내려고 만든 용어들이다.

화성에 도착하면 아마도 집으로 무사히 도착했다는 전화를 걸고 싶을지도 모르겠다. 태양계의 규모를 생각해보면 화성에 있다는 것은 집에서 아주 가까운 곳에 있다는 의미이지만, 통신 지연 현상이 발생하는 것은 어쩔 수 없다. 지구와 화성이 어느 곳에 위치해 있느냐에 따라 화성에서 보낸 문자메시지는 6분 뒤에 지구에 도달할 수도 있고 44분 뒤에 도착할 수도 있다. 인터넷 서핑을 하려면 엄청난 인내심이 필요하다.

##  화성에서 돌아다니려면

화성을 둘러볼 때는 대부분 비포장도로로 다닐 수 있는 로버를 타고 울퉁불퉁한 암석 길을 달려야 한다. 날카롭고 거친 암석 때문에 바퀴가 터지는 경우가 많으니 로버에는 아주 튼튼한 바퀴를 장착해야 한다. 가장 단순하고 경제적인 화성 로버는 아폴로 우주선의 비행사들이 타고 다닌 것과 비슷한데, 접이식 의자만 달랑 있는 지붕 없는 작은 차량이다. 이런 차량은 그저 우주복을 입고 자리에 앉아 안전벨트만 매면 된다. 달리는 재미는 정말 끝내주지만 아쉽게도 오랫동안 타고 다닐 수 있는 차량은 아니다. 정말로 넓은 곳을 둘러보고 싶고, 화성의 풍경을 보고 싶다면 평온한 숙소 역할까지 해줄 커다란 레저용 차량을 선택해야 한다. 두 사람이 14일 동안 충분히 살아갈 수 있는 넓은 차를 선택하자.

아주 희박한 대기에서도 공중에 떠 있을 수 있는 비행기를 선택하면, 하늘을 날면서 화성을 둘러볼 수 있다. 화성은 공기는 아주 희박하지만 중력이 약하기 때문에 비행기가 공중에 떠 있을 수 있다. 비행기에 짐을 아주 조금만 실어 가볍게 하거나 희박한 공기 위로 떠오를 수 있을 정도로 충분히 큰 비행기를 택해야 한다.

화성의 기온은 화성 시간으로 1분도 되기 전에 사람을 얼려버릴 만큼 춥다. 그리고 화성의 공기로는 지구인이 전혀 숨을 쉴 수 없기 때문에 로버가 부서지는 순간 느긋하게 화성의 오후를 즐기겠다며 나간 드라이브는 끔찍한 재앙으로 돌변할 것이다. 안전하게 화성 드라이브를 즐기고 싶다면 '걸어서 돌아올 수 있는 곳까지'라는 규칙을 철저하게 지키는 것이 좋다. 안전한 숙소를 떠나 잠시 밖을 살펴보고 들어올 때는 연료와 산소 상태, 이동한 시간을 계속 확인해야 한다. 연료와 산소가 떨어져도 걸어서 돌아올 수 없는 거리라면 더는 가지 말아야 한다. 화성에서는 언제라도 상황이 급변할 수 있다.

화성 로버는 흔히 자동 항법 장치를 갖추고 있거나 통제실에서 조정한다. 그 말은, 관광객이 직접 로버를 몰면서 주변을 탐색할 기회는

없다는 뜻이다. 휴가를 즐기는 동안 로버를 빌려서 직접 운전할 생각
이라면 특수 운전 훈련을 받아야 한다. 지구에서는 아주 뛰어난 운전
실력을 자랑했던 사람이라도 거칠게 튀어나온 암석과 위험한 벼랑 위
를 요리조리 피해가야 하는 화성에서는 차를 몰기가 버겁다는 사실을
곧 알게 될 것이다.

　로버는 종류도 많고, 로버마다 다른 특징이 있지만 기본적으로 장
착해야 하는 장비는 동일할 때가 많다. 중거리용 로버라면 보호막, 내
비게이션 컴퓨터, 온도 조절 장치, 주변 환경을 감지할 센서, 균형을
잡을 다리, 움직일 수 있는 바퀴나 무한궤도, 전력을 공급할 에너지원,

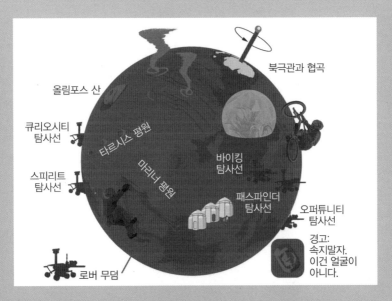

화성은 하이킹을 즐기는 사람, 역사 유적지를 좋아하는 사람 등
다양한 여행자가 즐길 수 있는 최적의 휴양지이다.

통신 장비는 빠짐없이 갖추어야 한다. 종류에 상관없이 화성에서는 아주 빠른 로버란 없다.

이동할 차량을 고를 때는 가져갈 짐의 양을 고려해야 한다. 생존에 필요한 최소 장비만 가지고 갈 것이냐 화성에서만 볼 수 있는 진기한 암석을 2톤가량 채굴해서 올 것이냐에 따라 선택해야 하는 차량이 달라진다. 실어야 할 짐이 많다면 차량이 내려앉지 않도록 무게를 분산해줄 커다란 바퀴가 여러 개 달린 로버를 선택해야 한다. 바퀴는 탄력이 없는 단단한 재질이 아니라 무거운 짐에 눌리면 형태가 바뀌는, 탄력 있는 재질을 선택해야 한다.

바로 이것이 두 번째로 살펴봐야 할 점이다. 화성에서 차량을 빌리거나 구입할 때는 반드시 바퀴를 제대로 선택해야 한다. 화성은 아주 추워서 바퀴가 쉽게 터지기 때문에 공기가 가득 든 고무 바퀴는 그다지 쓸모가 없다. 화성에서는 자전거 바퀴처럼 압축 공기를 넣은 뒤에 바퀴살을 댄 바퀴가 필요하다. 바닥에 작은 바퀴를 대고 거미처럼 움직이는 다리를 가진 차량이 필요할 수도 있다. 이런 차량은 평범한 자동차처럼 움직이지만 커다란 암석이나 깊숙이 빠지는 모래밭을 만나면 거미처럼 걸어서 장애물을 건널 수 있다. 삽이나 드릴이 필요할 때 거미 다리에 장착할 수도 있다.

○─ **올림포스 산(올림푸스 몬스** Olympus Mons **)**

　완만하지만 거대한 올림포스 산은 오래전에 활동을 멈춘 화산이다. 태양계에서는 이보다 높은 화산은 없다. 산 밑에서 240km가량 떨어져 있는 가장 높은 봉우리는 높이가 1만 8300m 정도인데, 다른 산등성이에 가려져 산 밑에서는 볼 수 없다. 올림포스 산 정상에 오르는 일은 화성에서 즐길 수 있는 가장 화끈한 활동이다. 가파른 지구의 산들에 비하면 올림포스 산의 경사는 완만하지만 정말로 길다. 올림포스 산 등반을 마치려면 적어도 한 달은 소요될 것으로 보고 예산을 짜야 하며, 등반 물품도 넉넉하게 가져가야 한다. 올림포스 산을 빙 둘러싸고 있는 절벽은 아주 험준하다. 진입 장벽이 덜 가파른 남쪽이나 동쪽에서 등반을 시작하자.

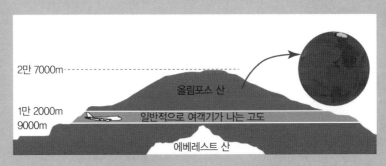

올림포스 산의 높이를 가늠해보자.

## ○─ 시르티스 대평원

화성의 표면에 보이는 어두운 얼룩인 시르티스 대평원은 1659년에 네덜란드 수학자 크리스티안 하위헌스Christiaan Huygens (1629~1695)가 처음 발견했는데, 후대 천문학자들은 화성의 자전을 관측할 때 이 얼룩을 활용한다. 시르티스 대평원에는 '모래시계 바다Hourglass Sea'라는 별명이 있다.

현재 시르티스 대평원에서 가장 잘 팔리는 기념품은 모래시계로, 대평원에 있는 독특하고 짙은 주황색 모래를 담은 것이다. 예전 과학자들은 시르티스 대평원이 푸른색이라고 생각했고, 청록색 식물이 많이 자라고 있다고 여겼다. 하지만 지금은 시르티스 대평원이 파란색으로 보이는 것이 주변의 밝고 붉은색의 지형과 대비되어 나타나는 착시 현상 때문임을 알고 있다. 시르티스 대평원이 주변 지역보다 어둡게 보이는 이유는 풍화되지 않은 화산암 때문이다. 바람이 이제 막 풍화되어 밝게 빛나는 모래를 모두 다른 지역으로 쓸어가버리기 때문에 상당히 붉은 암석이 겉으로 드러난다. 바로 이런 오해 때문에 시르티스 대평원은 '푸른 전갈Blue Scorpion'이라는 별명으로도 불린다.

어두운 시르티스 대평원의 남서쪽에는 화성에서 가장 큰 크레이터인 하위헌스 크레이터가 있다. 뉴욕 주만 한 이 거대한 크레이터는 다른 거대 크레이터들처럼 많은 고리가 동심원을 이루고 있다.

## ○─ 헬라스 평원(헬라스 플라니티아Hellas Planitia)

화성에서 가장 오래된 이 지역에는 태양계 역사 초기에 생성된 크레이터가 많이 남아 있다. 이 밝고 둥근 평원은 어두운 사르티스 평원의 남쪽에 있기 때문에 더욱 두드러져 보인다. 차가운 겨울 아침이면 서리가 낀 안개가 가득 차 푸르스름한 흰색을 띤다. 하지만 그런 상태는 오래 지속되지 않아서 정오가 되면 맑게 갠다.

## ○─ 타르시스 평원(타르시스 플라니티아Tharsis Planitia)

미국보다 면적이 넓은 거대한 고원, 타르시스 평원은 화산과 지각 변동에 의해 탄생했다. 고원 꼭대기에는 타르시스 산맥(타르시스 몬테스Tharsis Montes)이 있는데, 타르시스 산맥은 아스크라이우스 산Ascraeus Mons, 아르시아 산Arisia Mons, 파보니스 산Pavonis Mons으로 이루어져 있다. 세 산의 봉우리는 모두 올림포스 산보다 높은데, 그 이유는 세 산이 이미 높이 솟아 있는 고원 위에 있기 때문이다. 올라야 하는 산의 거리가 짧고 경사가 더 완만하기 때문에 아스크라이우스 산은 올림포스 산보다 오르기 쉽다. 아스크라이우스 산의 정상에 올라가면 칼데라caldera가 있는데, 이 칼데라 바닥에는 용암이 식어 매끈한 표면을 형성하고 있는 곳이 군데군데 보인다.

## ○─ 밤의 미로(녹티스 라비린투스Noctis Labyrinthus)

마리너 계곡의 서쪽 경계 부근에 있는 이 지역은 깊은 홈이 여기저기에서 교차한 형태를 띤다. 이 협곡은 마치 미로처럼 보이는데 몇 날이고 길을 잃고 헤매도 된다. 미로 속을 헤매는 동안 관광객들은 산사태도 만나고 모래 언덕도 보고 멋지게 계단을 이루고 있는 암석도 보게 될 것이다. 층을 이룬 메사mesa(꼭대기는 평평하고 주변부는 급경사를 이룬 탁자 모양 언덕-옮긴이)를 보면 사우스다코타 주의 거칠고 아름다운 배드랜드Badlands (영화 〈늑대와 춤을〉의 배경이 된 곳으로, 건조한 사막 지대-옮긴이)가 떠오를 것이다.

## ○─ 아라비아(아라비아 테라Arabia Terra )

물방울처럼 여기저기 홈이 파여 있는 아라비아 테라는 고대에 속한 곳이다. 이곳에는 운석과 충돌한 크레이터도 있지만 화산 활동이 만든 흔적도 많다. 아라비아 테라에는 바람이 실어 온 짙은 모래 언덕도 200m가 넘는 높이로 광대하게 펼쳐져 있다. 오래전에는 물이 흐르는 수로였으리라고 추정되는 강과 냇물 길의 흔적도 남아 있다.

## ○─ 마리너 계곡(발레스 마리네리스Valles Marineris )

화성 여행의 꽃은 뭐니 뭐니 해도 적도 부근에 있는 마리너 계곡으로 가는 것이다. 1970년대 초에 마리너 계곡을 발견한 마리너 9호의

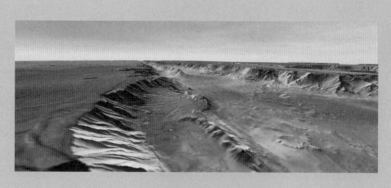

마리너 계곡의 블랙 협곡 위에서 보일 풍경을 구현한 모습

NASA/JPL/ASU/R. LUK

이름을 간직한 이곳은 태양계에서 가장 웅장한 협곡이다. 이 거대한 열곡은 최대로 넓은 지점의 폭이 596km에 달하며, 깊이는 8km에 달해 그랜드캐니언보다 네 배는 더 깊다. 미국 본토의 가로 길이 정도만큼 긴 이 열곡은 화성 둘레를 4분의 1가량 두르고 있다.

마리너 계곡의 가장자리를 따라가다 보면 여러 곳에서 절경을 만날 수 있다. 그 가운데 가장 유명한 곳은 가파른 절벽으로 둘러싸인 오피르 협곡Ophir Chasma 와 칸도르 협곡Candor Chasma 이 교차하는 지점이다. 블랙 협곡(멜라스 카스마Melas Chasma )의 한가운데에서 보게 되는 절경도 무척 아름답다. 또한 주변을 둘러싼 절벽이 50km나 떨어져 있고 주변 땅들이 1.6km 높이로 솟아올라 있는 코프라테스 협곡(코프라테스 카스마Coprates Chasma )의 가장 깊은 곳에서 보는 절경도 장관이다.

마리너 계곡을 찾는 사람들이 화성의 협곡은 지구의 협곡과는 사뭇 다르다며 놀라는 점 가운데 하나는 흙먼지가 가라앉을 때 공기가 뿌옇게 되지 않는다는 점이다. 이는 화성의 대기가 옅기 때문에 가능하다. 이제 막 닦아 먼지가 보이지 않는 유리창처럼 화성의 풍경은 놀라울 정도로 상쾌하고 깨끗하다.


## ○─ 극관

물을 어떻게 구해야 할지 걱정인 사람이라면 화성의 극지방으로 가보는 게 좋겠다. 하지만 극지방은 아주 추울 수 있음을 명심해야 한다. 겨울에는 특히 더 춥다.

화성의 극관이 빙글빙글 돌아가는 회오리처럼 보이는 이유는 화성의 자전과 중력이 힘을 더해준 바람 때문이다. 북극의 극관은 남극의

큐리오시티 탐사선의 여정을 따라가면 만날 수 있는 샤프 산의 멋진 전경
NASA/JPL-CALTECH/MSSS/J. GRCEVICE

극관보다 훨씬 큰데, 극관은 대부분 얼음으로 이루어져 있고 그 위에는 드라이아이스 층이 있다. 북극에는 양쪽 벽이 리본 캔디처럼 층이 진 북극 협곡(카스마 보레알레 Chasma Boreale)이 있다. 겨울이면 기체로 존재하던 이산화탄소가 고체가 되어 얼음 층에 달라붙기 때문에 극관의 두께가 두꺼워진다. 그와는 반대로 여름이 되어 햇살이 비치면 얼음을 덮고 있던 드라이아이스가 증발하기 때문에 얼음을 채취해 물을 얻을 수 있다. 계절이 바뀌는 시기에는 양 극지방 모두 강한 바람이 분다.

## ○─ 역사 유적지

미국항공우주국의 큐리오시티, 스피리트, 오퍼튜니티 등 화성에 간 로봇 탐사선들이 임무를 마치고 휴식을 취하고 있는 곳으로 가보자. 큐리오시티 화성 탐사선은 풍경이 사랑스러운 샤프 산Mount Sharp 의 게

일 크레이터Gale crater 안에 잠들어 있으며, 스피리트 탐사선은 홈플레이트Home Plate 라고 부르는 지역의 서쪽에 있는 트로이 지역에서 임무를 마쳤다. 오퍼튜니티의 마지막 휴식처는 메리디아니 평원에 있는 인데버 크레이터 Endeavour crater 에서 가깝다. 탐사선들이 지나다닌 길은 이미 흙에 묻혀버렸지만, 로버의 자취를 따라 가보는 여정은 재미있다. 오퍼튜니티 탐사선의 경우 그 여정은 마라톤을 하는 것보다 길다.

# ♂ 뭘 하면 좋을까?

## ⚬— 화성 하늘을 관찰해보자

화성의 풍경은 아주 건조한 지구 사막처럼 보이지만 고개를 들어 녹슨 쇠 같은 하늘을 올려다보면 그런 생각은 단숨에 사라져버린다. 지구의 하늘이 파란 이유는 빛이 공기 분자와 부딪쳐서 산란하기 때문이다. 화성의 하늘은 성긴 공기 분자가 아니라 먼지 입자와 부딪쳐 산란하기 때문에 지구와는 아주 다른 하늘이 펼쳐진다. 태양이 떠 있는 하늘 주변은 다른 곳보다 훨씬 밝으며 푸른색을 띤다.

선명하게 붉은 화성의 모습을 찍은 고즈넉한 홍보 영상은 사실 과장이 섞여 있다. 직접 찾아가서 보는 화성은 관광 엽서에 실린 풍경과 달리 그저 빨갛기만 한 행성이 아니다. 가까이에서 화성의 암석을 들여다보면 황금색, 갈색, 황갈색처럼 아주 다양한 색이 섞여 있음을 알 수 있다.

화성에서 보는 석양 또한 이국적이고 아름답다. 화성은 지구보다 태양에서 멀리 떨어져 있기 때문에 지구에서보다는 태양이 작게 보인다. 태양이 질 때 화성에서는 지구와는 다른 하늘이 펼쳐진다. 해에서 멀리 떨어진 하늘은 붉은색이고 해 주변의 하늘은 파란색이다. 흙먼지에 부딪쳐 산란된 빛 때문에 태양은 바구니를 매단 파란색 열기구처럼 보인다. 화성은 자전축을 중심으로 한 바퀴 도는 속도가 지구와 거의 비슷하기 때문에 태양도 지구에서와 거의 비슷한 속도로 지평선 아래로 내려간다. 하지만 먼지가 많은 하늘이 이미 지평선 아래로 내려간 태양 광선을 반사하기 때문에 석양이 지속되는 시간은 지구보다 길다. 모래폭풍이 불면 지평선 아래로 내려가는 태양을 볼 수 없다. 이때 태양은 흐릿한 아지랑이처럼 사라진다.

낮에 보는 화성의 하늘은 아주 낯설다. 하지만 시커먼 하늘에 별이 점점이 박혀 있는 화성의 밤하늘은 아주 친숙하다. 화성의 밤하늘에서는 새로운 별이 하나 보이는데, 나머지 별자리 모습은 지구의 밤하늘과 다르지 않다. 이 새로운 별은 사실 별이 아니라 지구이다. 태양계에서 세 번째로 태양과 가까운 행성인 지구는 화성 표면에서 파란 점으로 보인다. 화성에서 지구는 아침이나 저녁에 볼 수 있다. 화성에서는 지구의 위성인 달도 보인다. 달은 밝은 별(지구)의 어두운 쌍둥이 별처럼 보인다.

화성의 밤하늘에 떠 있는 별자리는 지구와 같지만 별자리의 움직임은 지구에서 보던 것과 다르다. 지구에서는 북극에서 자전축을 연장한 가상의 선 위를 쭉 따라가면 북극성 Polaris 이 있다. 북극성은 밤새 같은 자리에 떠 있고, 나머지 별들은 북극성을 중심으로 천천히 움직인다. 하지만 화성의 밤하늘에서는 화성의 자전축이 지구와는 다른 방향으로 기울어져 있기 때문에 화성의 북극에서 자전축을 연결한 가상의 선 위에는 북극성이 없다. 화성의 북극 자전축 위에 있는 별은 백조자리 Cygnus 와 세페우스자리 Cepheus 사이에 있는데, 아주 흐릿하기 때문에 거의 보이지 않는다. 하지만 돛자리 Vela 에 있는 화성의 남극성인 카파 벨로룸 Kappa Velorum 은 아주 밝게 보인다. 화성의 남반구를 방문하는 사람들은 남반구 하늘의 별들이 카파 벨로룸을 중심으로 밤새 둥글게 움직이는 모습을 관찰할 수 있다.

## ○─ 스카이다이빙

화성에서 하는 스카이다이빙은 지구에서 하는 스카이다이빙보다 훨씬 위험하다. 지구에서는 공기의 저항 때문에 결국 일정한 속도에 도달하게 된다. 종단속도terminal velocity 라고 하는 이 속도는 시속 200km 정도이다. 지구에서는 절대로 종단속도보다 빠른 속도로 자유낙하할 수 없다.

화성은 공기가 지구보다 훨씬 희박하기 때문에 최종속도final velocity 는 지구보다 다섯 배나 빠르다. 따라서 화성에서 스카이다이빙을 하려면 낙하산을 여러 개 착용해야 하고, 지구보다도 훨씬 이른 시간에 낙하산을 펴야 한다. 또한 충분히 속도를 줄일 수 있도록 아주 커다란 낙하산을 매야 한다. 지구에서는 절대로 못 느끼는 짜릿함을 경험할 것이다.

## ○─ 암벽 등반

마리너 계곡의 아찔한 절벽은 암벽 등반 기술을 익히기에 더없이 좋은 곳이다. 위로 올라갈 자신이 없다면 블랙 협곡의 아주 깊은 바닥으로 암벽을 타고 내려오는 경로를 택해보자.

저중력 상태에서 거추장스러운 우주복을 입고 암벽 등반 기술을 익히려면 어느 정도 시간이 필요하다. 많은 초심자가 저중력 상태에서는 높은 곳에서 떨어져도 다치지 않는다고 생각하는데, 절대로 그렇지 않다. 처음에는 느린 속도로 떨어지겠지만 마리너 계곡의 바닥

마리너 계곡 절벽은 암벽 등반을 익히기에 좋은 곳이다.

에 떨어질 무렵이 되면 속도는 빨라지고, 결국에는 차량 앞 창문에 부딪치는 벌레처럼 납작해지고 말 것이다.

## ○─ 더스트 데빌 쫓기

모래폭풍이 불지 않을 때도 화성의 바람은 가히 위협적일 수 있다. 모래폭풍이 불 때는 나선을 그리며 하늘 위로 솟구쳐 오른 흙먼지가 회오리치면서 화성의 표면을 휩쓸고 다닌다. 지구의 더스트 데빌dust devil (회오리 형태의 모래바람-옮긴이)보다 훨씬 빠른 속도로 거대한 모래 회오리바람을 만드는 화성의 더스트 데빌은 높이는 1.6km, 너비는 150m를 훌쩍 넘는다. 화성의 더스트 데빌 안으로 들어가면 바람은 그다지 강하게 불지 않겠지만 먼지 입자가 아주 빠른 속도로 움직여 우주복의 앞면 마스크를 긁거나 흠집을 낼 수 있다. 더스트 데빌 내부에서는 전하를 띤 입자 때문에 번쩍이는 번개를 볼 수 있다.

## ○─ 자전거 타기

화성은 태양계에서 자전거를 탈 수 있는 몇 안 되는 장소 가운데 한 곳이다. 화성의 지표면은 포장도로가 아니기 때문에 화성의 흙먼지에 파묻히지 않고 거친 암석 위를 달리려면 자전거 바퀴가 두툼해야 한다. 암석에는 미세한 굴곡이 있기 때문에 화성에서 자전거를 탈때는 바짝 긴장해야 한다. 상당히 낮은 기온에서는 공기를 넣은 바퀴가 금세 얼어 파열될 수 있기 때문에 탄력 있는 바퀴살을 장착해야 한다.

저중력 상태인 화성에서는 핸들을 조작하는 일도 쉽지 않다. 방향을 바꾸려면 아주 천천히 움직여야 하고 방향을 틀 때도 급하게 핸들을 꺾으면 안 된다. 저중력 상태에서는 바닥 마찰력이 크지 않기 때문에 뒷바퀴를 들지 않고 속력을 높이기는 무척 힘들 것이다. 하지만 아주 좋은 점도 있다. 잘 닦인 자전거 포장도로에서 자전거를 타면, 화성에는 공기의 저항이 없기 때문에 지구보다 훨씬 빠른 속도로 달릴 수 있다.

## ○─ 저글링

저글링을 배울 생각이 있다면, 화성에서 배우는 게 좋다. 화성의 중력은 지구 중력의 3분의 1밖에 되지 않기 때문에 같은 힘으로 공을 던져도 훨씬 높이 올라가며, 느리지만 훨씬 극적인 장면을 연출할 수 있다. 지구에서 저글링 할 때만큼만 공을 던져 올려도 공은 훨씬 천천히 내려온다. 따라서 반사 신경이 좋지 않은 사람도 저글링을 연마할 충분한 시간을 벌 수 있으니, 아주 좋다!

# ♂근처에는 뭐가 있을까?

  화성의 작은 위성들, 포보스Phobos 와 데이모스Deimos 는 잠깐 둘러보기에 딱 좋은 여행지이다. 포보스의 공전주기는 9시간이기 때문에 화성의 하루 동안 화성 주위를 세 번 돈다. 데이모스의 공전주기는 30시간으로 거의 원을 그리며 도는데, 공전 방향은 화성의 공전 방향과 반대이다. 화성에서 어느 지역에 머무느냐에 따라 태양 앞을 지나가는 두 위성의 모습을 1년에 몇 차례나 목격할 수 있다. 두 위성이 태양 앞을 지나면서 태양을 가리는 현상을 소일식mini-eclipse 이라고 하지만, 사실은 태양의 극히 일부만을 가릴 뿐이다. 가끔은 두 위성이 동시에 태양 앞을 지날 때가 있는데, 이때를 이중 일식double eclipse 이라고 한다.

## ○— 포보스

  그리스 신화에 나오는 공포fear 의 신과 같은 이름으로 불리지만 이 위성은 사실 아주 유쾌한 휴가지이다. 둘레가 70km 정도밖에 되지 않기 때문에 며칠이면 모두 둘러볼 수 있다. 저중력 공간에서 달리기를 해본 경험이 있는 초고속 달리기 선수의 경우, 하루면 포보스 둘레를 한 바퀴 돌 수 있다. 하지만 달리기보다는 높이뛰기가 포보스의 주종목이다. 포보스에서는 한번 도약하는 것만으로도 높이가 830m에 달하는 버즈 할리파(두바이 소재) 빌딩을 훌쩍 뛰어넘을 수 있다.

지구의 최고층 건물 높이도 화성의 제1위성에서는 훌쩍 뛰어넘을 수 있다.
HIRISE/MRO/LPL IU. ARIZONAI/NASA

　포보스는 그 어떤 위성보다도 자기 행성에 가까이 붙어서 공전하는 위성이다. 화성 표면에서 보는 포보스는 아주 작지만(지구에서 보는 보름달 크기의 4분의 1 정도), 포보스의 표면에서 바라보는 화성은 아주 크고 밝게 빛난다(지구에서 보는 보름달 크기의 85배 정도 크다). 화성의 중력 때문에 늘어났다가 눌리기를 반복하고 있기 때문에 3000만 년 내지는 5000만 년 정도 지나면 포보스는 부서지리라고 예측된다. 포보스에 작용하는 화성의 기조력 tidal force 때문에 포보스의 표면에는 누군가가 할퀸 것 같은 얕은 홈이 나 있다. 포보스의 내부는 중력 때문에 엉성하게 뭉쳐 있으며, 암석으로 이루어진 얇은 지각이 바깥 부분을 감싸고 있다.

## ○─ 데이모스

포보스의 쌍둥이 신인 데이모스는 경악 panic 의 신으로 둘레가 38.6km 정도밖에 안 되는 아주 조그만 위성이다. 질량이 작다는 것은 지표면의 중력이 아주 작다는 뜻으로, 실제로 데이모스의 지표면 중력은 지구 중력의 수천 분의 1밖에 되지 않는다. 탈출 속도, 즉 물체가 천체의 중력에서 벗어나기 위한 최소한의 속도가 시속 20km 정도밖에 되지 않기 때문에 누구든 궤도 밖으로 야구공을 던질 수 있다. 그러니 착륙하고 있는 우주선을 맞히지 않도록 조심하자. 조금만 살짝 뛰어도 우주로 날아갈 수 있는 곳에서는 걷기가 쉽지 않다. 데이모스에 있으면 지구에서 보는 보름달보다 33배는 큰 화성의 아름다운 모습을 감상할 수 있다. 화성에서 올려다보는 데이모스는 지구에서 보는 금성보다 조금 더 밝게 빛난다.

## ○─ **소행성대**

초창기 태양계는 크고 작은 수많은 물체가 충돌하고 합쳐지느라 정신없던 복잡한 장소였다. 이제 태양계는 태양을 중심으로 늘어선 여덟 행성이 질서정연하게 움직이는 곳이 되었다고 생각할지도 모르겠지만, 태양계에는 지금도 수많은 우주 잔재물이 여기저기 흩어져 있다. 우주 암석인 소행성도 아직까지 남아 있는 초기 태양계의 잔재들이다. 저중력 상태에 모양도 불규칙한 이런 소행성들은 잠시 둘러보기에 아주 매력적인 휴가 장소이다. 소행성은 태양계 어디에나 있지만 화성 궤도와 목성 궤도 사이에 있는 소행성대에 특히 많다.

소행성대는 아주 위험한 곳이라고 알려져 있지만 사실 그런 명성
은 부풀려진 감이 없지 않다. 소행성들 사이는 무척 멀어서 소행성대
로 여행을 간다고 해도 보통은 우주선이 착륙한 소행성 한 곳만을 볼
수 있으며, 그저 소행성대를 통과할 계획이라면 눈을 감고도 지나갈
수 있을 정도이다. 소행성대에는 물질이 많지 않다. 소행성대에 있는
모든 물질을 다 합쳐도 명왕성 질량의 4분의 1도 되지 않는다.

## ○─ 세레스

세레스Ceres 는 소행성대 전체 질량의 3분의 1가량을 차지하는 단일
천체이다. 소행성대에 있는 유일한 왜소행성dwarf planet 인 세레스의 밝
고 환한 흰색 점들을 보지 못했다면 소행성대를 가봤다는 말은 하면
안 된다. 세레스의 밝은 점들은 오카토르 크레이터Occator crater 중심부
에 있는데, 밝게 빛나는 것은 염분이 들어 있던 얼음이 증발하면서 남
긴 황산마그네슘 때문이다. 황산마그네슘은 입욕제로 쓸 수 있으니,
조금 가져와서 친구들에게 선물로 주자. 로마 신화에서 세레스(케레
스)는 수확과 곡물의 여신으로 '시리얼'이라는 말도 세레스에서 온 것
이다. 앞으로 콘플레이크를 먹을 때는 다음 여행을 왜소행성 세레스
로 가보면 어떨지 생각해보자.

## ○─ 베스타

명왕성 질량의 14분의 1쯤 되는 베스타Vesta 는 소행성대에 있는 가
장 큰 천체이지만 왜소행성은 아니다. 베스타에 가면 적도를 두르고

있는 긴 홈을 보고 오자. 이 홈은 포보스 표면에서 보이는 홈과 비슷한 모양이지만, 베스타의 홈은 거대한 충돌 때문에 생겼으리라고 추정한다. 스스로 모험을 즐기는 사람이라는 생각이 든다면 레아실비아 크레이터Rheasilvia crater의 한가운데 있는 산에 올라보자. 그 산에 오르면 베스타의 격렬했던 과거를 좀 더 자세히 알 수 있다. 높이가 22km나 되는 이 산은 태양계에서 가장 높은 산이다.

목성은 그 누구도 이의를 제기할 수 없는 행성의 왕이다. 태양계 기체 행성 가운데 첫 번째로 방문하게 될 거대한 이 행성은 겉으로 보기에는 어떠한 미동도 없이 장중하게 관광객을 맞을 것이다. 하지만 진주빛 띠를 두른 것처럼 평온해 보이는 모습은 그저 환상일 뿐이다. 목성은 태양계를 이루는 그 어떤 행성보다도 질량이 크고, 강렬한 자연의 힘으로 뭉쳐 있는 폭풍의 행성이다. 목성의 힘은 사람을 취하게 할 정도로 강력하다.

통제할 수 없는 거친 혼돈에 끌리는 사람이라면 목성이야말로 꼭 가봐야 하는 곳이다. 목성은 너무나도 거대해서 목성에서 발생한 폭풍 한 개만 있어도 지구를 통째로 삼킬 수 있다. 목성의 구름에는 지구 중력보다 2.5배나 큰 중력이 작용하며, 목성의 자기장은 지구 자기장보다 2만 배나 강하다. 목성의 자기권 magnetosphere 은 거의 토성에 닿을 정도로 넓으며, 자기권 범위에 들어가는 모든 위성에 엄청난 방사선을 내리쬐고 있다.

모래로 조각한 것 같은 목성의 구름은 매혹적이지만, 실제로 관광객을 유혹하는 장소는 목성의 위성들이다. 목성계는 태양계 안에 존재하는 또 다른 행성계로, 항성만큼이나 다채로운 위성을 여럿 거느리고 있는데, 어떤 위성은 실제로 행성만큼이나 크다.

태양계 행성의 왕

# 목성 ♃

# Jupiter

지름: 지구 지름의 11배 이상

질량: 지구의 318배

색: 회오리처럼 돌아가는 붉은색, 갈색, 불타는 주황색, 적갈색

공전 속도: 시속 4만 6670km

중력이 끄는 힘: 몸무게가 68kg인 사람이 목성에 가면 152kg이 된다.

대기 상태: 수소 90%, 헬륨 10%, 메탄이나 암모니아가 조금 들어 있는
두툼한 대기가 있다.

주요 구성 물질: 기체

행성 고리: 있다.

위성: 67개

압력이 1bar일 때의 기온: −107℃

하루의 길이: 9시간 54분

1년의 길이: 지구 시간으로 12년 정도

태양과의 평균 거리: 약 7억 7900만 km

지구와의 평균 거리: 약 5억 8900만~9억 6900만 km

편도 여행 시간: 근접 통과까지 1년 6개월 소요

지구로 보낸 문자 도달 시간: 33~54분 소요

계절: 없다.

날씨: 강렬하다.

태양 광선의 세기: 지구가 받는 태양 광선 양의 4% 미만

특징: 대적점大赤點, 역동적인 위성들

추천 여행자: 보디빌더, 오로라 관찰자, 위성 호핑을 즐길 사람

## 🧑‍🚀 날씨를 알아두자

가장 좋은 폭풍 장비를 갖추고 얼굴을 향해 —사실은 얼굴을 덮은 마스크를 향해— 달려들 바람을 맞을 준비를 하자. 목성의 날씨는 지루할 틈이 없다. 이 거대한 기체 행성에서는 모든 것이 지구보다 월등하게 거대하다. 목성에서 부는 바람은 지구에서 기록한 그 어떤 강풍보다도 시속 193km는 더 빠르다.

목성에서는 폭풍이 한번 불기 시작하면 수십 년 동안 지속된다. 가장 유명한 목성의 허리케인 대적점은 수백 년 동안 지속되고 있다. 목성의 하늘에서 치는 번개는 지구의 하늘에서 치는 번개보다 1000배는 강력하며, 천둥은 네 배나 빠른 속도로 하늘을 가른다. 지구에서처럼 번개가 번쩍이고 나서 천둥소리가 들릴 때까지의 시간을 측정해 뇌우까지의 거리를 알아내겠다는 생각이라면 그만두는 게 좋다. 목성에서는 생각하는 것보다 네 배는 먼 곳에 폭풍우가 있으니까. 목성의 천둥은 대기를 가득 채우고 있는 수소와 헬륨 때문에 음의 높이가 바뀐다. 낮게 우르르 하는 소리가 아니라 기이하게 끼익 하는 소리가 나서 사실 지구인이 그 소리를 천둥이라고 생각하기는 쉽지 않다.

목성은 아주 빠르게 자전한다. 적도 가까이에 있는 구름의 상부층에서는 하루의 길이가 10시간밖에 되지 않는다. 목성에서는 하루 종일 잠을 잤다며 슬퍼할 이유가 없다. 그게 정상이니까. 목성에는 단단한 지면이 없기 때문에 적도와 극지방 사이에 놓인 곳은 지역마다 하루의 길이가 다르다. 극지방에서는 기체가 조금 더 느리게 회전하기 때문에 극지방 근처에 있으면 매일 몇 분 정도를 더 확보할 수 있다. 사실 특별한 형태 없이 정신없이 돌아가는 기체 행성에서는 하루라는 개념이 유동적일 수밖에 없는데, 그것이 바로 목성을 여행하는 재미이다.

태양과 거의 8억 km가량 떨어져 있는 목성은 아주 춥다. 도달하는 태양 광선도 지구의 4% 정도밖에 되지 않는다. 목성은 맹렬한 폭풍이 부는 행성이지만 자전축이 조금밖에 기울어져 있지 않아서, 지구 시간으로 12년이라는 긴 시간 동안 계절의 변화 없이 아주 안정적인 상태로 태양 주위를 돈다. 목성의 밝은 구름 속을 위아래로 다니면서 탐사하는 동안 기온은 다양하게 바뀐다. 보통 목성에서 들을 수 있는 일기예보는 바람이 강하게 불고 1bar에서의 기온은 -107℃라는 것이다. 1bar는 지구 해수면에서의 기압과 비슷한 압력이다. 목성에서는 어디에 있든지 따뜻하지는 않을 테지만 바깥으로 갈수록 훨씬 춥다.

 ## 언제 가야 좋을까?

목성과 지구가 가장 가까이 있을 때 출발하는 것이 좋으리라고 생각할지도 모르겠지만, 실제로 그랬다가는 목성이 있었던 지점에 도착했을 때는 이미 저 멀리 가버렸을 것이다. 지구는 짧은 공전 궤도를 아주 빠르게 돌기 때문에 목성을 쉽게 놓친다. 그러니 호만 전이 궤도를 이용해 1년에 한 번 찾아오는 우주선 발사 가능 시간대를 잘 맞춰서 출발해야 한다.

목성에는 계절 변화가 없기 때문에 언제 가더라도 날씨가 같다. 대적점은 줄어들고 있기 때문에 수십 년 안에 사라질 수도 있는데, 언제 사라질지는 아무도 장담할 수 없다. 그러니 언제 가도 볼 수 있을 거라는 안일한 생각은 하지 말고 지금 당장 목성으로 가는 우주선을 예약하는 편이 좋겠다.

목성과 목성의 위성에는 방사선이 어마어마하게 쏟아지기 때문에 관광객은 대부분 아주 잠깐만 머물다 떠나는 일정을 선호한다. 따라서 목성 여행은 관광을 하는 시간보다 목성을 왕복하는 시간이 훨씬 더 길 수도 있다.

##  출발할 때 유의할 점

목성을 단지 다른 행성으로 가기 위한 중력 도움으로만 이용한다면 평범한 구형 우주선을 타도 몇 년 정도면 도착할 수 있다. 목성에 착륙해 구경하고 갈 생각이라면 목성의 평균 공전 속도인 시속 4만 7000km에 맞춰 천천히 속도를 줄여야 한다. 지구를 떠나 5년 내지 6년 정도 지나면 목성에 닿을 수 있다.

서두를 이유가 없고 낭비를 최대한 줄이고 싶다면 이온 추진 우주선ion propulsion rocket 을 탈 수도 있다. 이온 추진 우주선은 오랜 시간 동안 천천히 앞으로 이동하면서 아주 서서히 우주선의 속도를 높인다. 멈춰 있던 자동차를 시속 100km의 속도로 높이는 데는 많은 시간이 들지 않겠지만, 멈춰 있던 이온 추진 우주선이 시속 100km에 이르려면 4일이 걸린다.

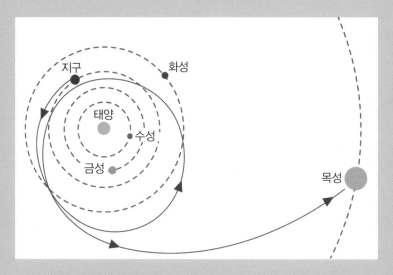

목성에서 받는 중력 도움으로 다른 행성으로 날아갈 추진력을 얻을 때가 많다.

##  드디어 도착

목성을 직접 눈으로 보기 전에 라디오로 목성의 소리를 들을 수 있다. 목성에 도착하기 몇 주 전부터, 거리로 따지면 착륙까지 560만 km쯤 남았을 때부터 우주선은 목성의 자기권 안에 들어간다. 목성의 자기권을 통과하는 동안, 라디오는 목성의 자기권에 충돌한 뒤에 열을 내면서 속도가 줄어드는 초음속 태양풍이 내는 소리를 잡아낼 것이다. 기이하고 구슬프며 쉽게 잊히지 않는 태양풍의 소리를 들으면 '정말로 내가 집에서 수억 km 떨어진 곳에 와 있구나' 하는 생각이 절로 들 것이다.

하지만 으스스한 기분이 드는 것은 잠시뿐이다. '이렇게까지 거대할 수는 없는데'라고 느낄 때까지 서서히 커지는 주황색 섞인 갈색 구를 쳐다보고 있으면 차츰 마음이 평온해질 것이다. 아무리 단단히 마음을 먹고 간다고 해도 목성은 늘 엄청난 충격으로 다가온다. 목성을 보니 수채화로 그린 추상화가 떠올랐다는 사람도 있고 퍼지선데fudge sundae가 생각났다는 사람도 있다. 잠시 자리를 잡고 앉아서 환각을 일으킬 것 같은 환상적인 광경을 감상해보자. 가로 줄무늬를 두른 기체 행성이 천천히 춤을 추는 모습에 어떻게 시간이 흘러갔는지조차 모를 정도로 빠져들 것이다.

 ## 목성에서 돌아다니려면

목성의 궤도에 진입하면 미소중력 상태가 되는데, 미소중력은 우주선을 타고 오는 동안 이미 익숙해졌을 것이다. 높은 궤도에서 목성의 대기를 연구하는 것은 목성에서 휴가를 즐기는 아주 완벽하고 멋진 방법이다. 광란의 폭풍을 가까이에서 보고자 하는 용감한 사람이라면 우주 탐사선을 타고 체중이 느껴지기 시작하는 고도까지 내려가보자. 오랫동안 느끼지 못했던 체중을 느끼면 답답한 기분이 들지도 모른다. 더구나 탐사선이 가장 높은 곳에 떠 있는 구름 위에 머문다면 지구보다 몇 배는 강한 중력이 느껴질 것이다.

목성의 대기압이 지구의 대기압과 같아지는 고도까지 내려가면 몸무게는 지구보다 2.5배 정도 증가한다. 그럴 때는 처음부터 마구 돌아다니면 안 된다. 몸을 쫙 펴고 똑바로 누워서 늘어난 무게를 즐겨보자. 누군가 꼭 끌어안아주는 것 같아서 마음이 안정되고 차분해지는 경험을 했다는 사람도 있다. 중력이 강하게 작용하는 환경에서는 빠른 시간 안에 기절하지 않는 법만 배운다면 재빨리 근육을 키울 수 있

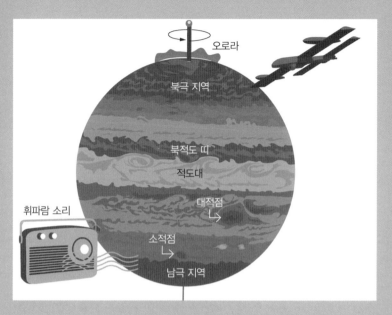

북극 지역

오로라

북적도 띠

적도대

대적점

휘파람 소리

소적점

남극 지역

거대한 기체 행성인 목성을 가까이에서 보면 황홀해질 것이다.

는데, 강인해진 근육은 집에 돌아가는 데도 쓸모가 있다.

목성의 하늘을 마음껏 탐사하기 전에 방사능을 효과적으로 차단할 수 있는 장비를 제대로 갖추어야 한다. 물이나 납 보호구가 당신과 당신의 장비를 보호해줄 수 있다. 가볍다는 이유로 티타늄 보호구를 선택하는 사람도 있는데, 효과는 떨어진다. 영리한 관광객은 방사능 노출량을 측정하는 방사선량 측정기를 들고 다닌다.

목성을 관광할 때 주로 타고 다닐 수송기는 우주선이다. 지구 대기보다 엄청나게 가벼운 목성의 대기에서는 하늘 위에 떠 있는 일이 쉽지 않다. 목성에서는 공중에 뜨는 기체로 이용할 뜨겁게 가열한 순수한 수소가 필요하다. 헬륨 기구는 밑으로 가라앉는다. 수소와 산소가 만났다가는 대폭발이 일어날 테니 수소 기구를 사용할 때는 산소와 섞이지 않도록 조심해야 한다.

목성으로 휴가를 떠났다면 많은 시간을 들여서 목성의 위성들을 구경하는 게 좋다. 목성의 위성을 향해 출발할 때는 정말로 목성을 뒤에 남기고 떠날 준비가 되었는지 분명히 확인해야 한다. 목성을 뒤에 두고 떠나는 일은 감정적으로나 물리적으로 굉장히 어렵기 때문이다. 목성은 거대한 행성이기 때문에 지구에서 우주선이 이륙하는 것보다 5.5배나 큰 힘이 든다. 더구나 목성에서는 공중에서 출발해야 하기 때문에 훨씬 더 힘들 수밖에 없다.

# 24 가볼 만한 곳들

○─ 대적점

　누구나 목성에서 제일 먼저 보고 싶은 곳은, 수많은 관광객을 끌어당기는 대적점 Great Red Spot 일 것이다. 지름이 2만 km에 달하는 이 거대한 폭풍은 지구를 한 번에 삼켜버릴 수 있을 만큼 크다. 대적점은

남다르게 용감한 자만이 대적점이라고 알려진 거대한 허리케인 속으로 대담하게 비행해 들어갈 수 있을 것이다. 대적점은 지구도 통째로 삼킬 수 있다.

NASA/JPL/BJÖRN JÓNSSON

남적도 띠 South Equatorial Belt 라고 부르는 적도의 남쪽 지역에서 늘 같은 위도상에 있기 때문에 찾는 데는 전혀 어려움이 없다. 아직 대적점이 생긴 원인이나 지속 시간은 알아내지 못했다. 그저 사람이 목성을 관찰했을 때부터 대적점은 목성에 있었다는 사실만 알고 있다. 지구였다면 대적점은 카테고리 20에 해당하는 허리케인으로 분류했을 것이다. 대적점 부근에 가끔 나타나는 하얗고 밝은 타원형 기체 덩어리도 찾아보자. 이 기체 덩어리는 보통 거대한 소용돌이 속으로 빨려 들어간다.

## ○─ 거대한 띠와 대

거세게 돌아가는 붉은 눈을 질리도록 봤으면 이제는 시야를 넓혀 보자. 어지러울 정도로 역동적인 바람과 구름이 만든 띠를 구경하자. 목성 자체가 거대한 하나의 회전체이지만 바람 또한 목성의 전체 기체를 움직이는 데 자기 나름대로 힘을 보태고 있다. 목성의 표면에서 보이는 줄무늬들은 하나하나가 시속 320km가 넘는 제트 기류다. 목성에 디딜 곳이 있어 자리를 잡고 선다면, 불어오는 제트 기류들 때문에 넘어지고 말 것이다. 목성의 줄무늬는 띠 belt 와 대 zone 로 이루어져 있다. 대를 이루는 구름이 밝게 빛나는 것은 높은 고도에 있는 암모니아 얼음 알갱이가 빛나기 때문이다. 대에서 바람은 목성이 자전하는 방향과 같은 방향으로 분다. 띠는 낮은 고도에서 형성된 구름 때문에 어둡게 보이며, 띠에서 바람은 목성이 자전하는 방향과 반대 방향으로 분다.

띠와 대가 만나는 부분에서는 아주 조심해야 한다. 바람의 방향이 바뀌기 때문에 우주선이 심하게 흔들릴 수 있다. 가까이에서 오랫동안 들여다보면 기체 줄무늬들은 색이 바뀐다는 사실을 알 수 있다. 기체가 섞이고 바람이 충돌하는 동안 보통 때는 밝은 흰색 지역이 노란색이 섞인 주황색으로, 갈색이 섞인 노란색으로, 붉은색으로 바뀌어 간다.

## ○─ 거대한 오로라가 잘 보이는 곳

생애 최고의 경험을 위해 오로라aurora (극광 현상)를 보려고 북극으로 가는 동안 관광객들은 수많은 띠와 대를 통과하게 된다. 지구에서는 오로라가 북극이나 남극에서 아주 드물게 나타나기 때문에 이 물결치는 빛의 띠를 보려면 정확한 시간에 정확한 장소를 찾아가야 한다. 하지만 목성에서는 언제나 오로라가 보인다. 목성의 극지방에서 언제나 볼 수 있는 오로라는 지구 오로라보다 1000배는 더 강력하다. 목성 주위는 방사능이 아주 강하지만, 그 덕분에 전하를 띤 입자들이 상부 대기와 충돌하면서 태양계에서 가장 멋진 오로라가 생성된다. 구름을 뚫고 폭발하는 강렬한 자줏빛 오로라는 초자연적인 빛을 발하면서 극지방의 전체 하늘을 밝힌다.

오로라를 더 많이 보고 싶다면 자신만의 작은 자기장을 가지고 있는 목성의 위성 가니메데Ganymede 로 가보자. 가니메데에서는 빨갛고, 푸르고, 자주 빛인 빛의 커튼이 1900km 이상 펼쳐진 모습을 볼 수 있다. 그 오로라 밑에 서 있으면 전체 하늘을 메운 오로라가 시속 1만 6000km로 움직이는 모습을 볼 수 있다. 가니메데의 오로라는 정말로 질주한다.

가색상 false color (멀리 있는 대상을 적외선으로 촬영한 사진에서 측정한 자료의 파장대에 맞춰 임의적으로 입히는 색상-옮긴이)을 입힌 목성의 오로라 사진. 이런 강렬한 오로라는 목성이라면 이제 질렸다고 넌더리를 치는 관광객의 마음도 다시 사로잡을 것이다.

NASA/ESA/HUBBLE

## ○─ 북극

빈센트 반 고흐의 팬이라면 목성의 북극 지역을 사랑하게 될 것이다. 목성의 북극에는 다른 지역이라면 으레 볼 수 있는 띠와 대가 사라지고 혼돈의 하늘이 펼쳐져 있다. 이곳에서는 이리저리 뒤섞인 대기층과 푹신한 구름이 만들어내는 격렬한 소용돌이가 빙글빙글 돌아간다. 또한 목성의 북극 하늘에서는 목성을 여행할 때 보통 보게 되는 붉은색 대기와는 다른 푸른색 대기를 볼 수 있다. 이곳에서 느긋하게

목성의 북극을 언급할 때는 흔히 빈센트 반 고흐의 〈별이 빛나는 밤〉을 함께 이야기한다.

NASA/JPL-CALTECH/SWRI/MSSS

비행을 즐길 수 있으리라는 생각은 말아야 한다. 하늘 곳곳에서 마치
빙글빙글 돌아가는 지뢰밭처럼 맹렬한 폭풍우가 치고 있을 테니까.

## ○─ 유령 같은 고리 관찰하기

목성의 고리를 사랑하는 사람이라고 해도 화려한 토성의 고리를 목성의 고리와 비교할 때면 살짝 주눅이 든다. 하지만 목성의 고리가 얼마나 섬세하고 아름다운지를 알고 있는 사람이라면 목성 고리 탐사 여행을 제대로 즐길 수 있을 것이다. 어둡고 그늘지고 붉은색을 살짝 띠고 있는 목성의 얇은 고리들은 아주 작은 먼지 입자로 이루어져 있다. 가장 큰 고리는 거의 투명할 정도이며, 훨씬 바깥쪽 궤도를 도는 아주 가는 고리들은 더욱 더 투명하다. 고리를 통과해 날아가더라도 대부분은 고리가 있다는 사실조차 눈치채지 못할 것이다.

## ○─ 정신이 몽롱해지는 소리 감상하기

라디오 채널을 돌려 목성의 자기권이 내는 소리를 들을 수 있도록 주파수를 맞춰보자. 목성의 자기권이 내는 소리는 마치 유령이 속삭이는 소리처럼 들린다. 사람의 눈으로는 확인할 수 없지만 7억 2500만 km까지 뻗어 있는 목성의 자기권은 태양계에서 볼 수 있는 장관 가운데에서도 으뜸으로 꼽을 수 있다. 지구의 밤하늘에서 목성의 자기권을 볼 수 있다면 보름달 다섯 개를 합친 것만큼 크게 보일 것이다. 목성의 자기권은 두툼한 고체 수소층이 내부로 가라앉으면서 만드는 목성의 자기장과 끊임없이 주변으로 전하를 띤 입자를 내보내는 태양풍이 부딪쳐 상호작용하기 때문에 생성된다. 목성의 자기장에 부딪친 태양풍은 엄청나게 강한 방사능을 만든다. 목성의 자기장은 지구의 자기장보다 10배 내지 20배나 강하기 때문에 목성의 방사능 복사대는 지구의 밴 앨런 복사대처럼 온화하지 않다. 목성은 태양과는 아주 멀리 떨어져 있지만 목성의 자기장은 아주 강력해서 태양이 발산하는 전하를 띤 입자를 아주 잘 낚아챈다. 그 때문에 목성의 방사능 수치는 태양계에서도 상위에 속한다.

목성 라디오 방송은 사자가 포효하는 소리, 휘파람 부는 소리, 쉭쉭 거리는 소리, 딱따구리 소리, 파도가 해변에 부딪치는 소리 등을 내보낸다. 하지만 걱정할 필요는 없다. 목성에는 사자가 없으니까. 그곳은 그저 목성의 자기권에 있는 전자기 정글일 뿐이다.

## ○─ 대기 속으로 다이빙하기

물질이 지구와는 다른 방식으로 행동하는 목성의 독특한 대기에 깊숙이 뛰어들어보자. 목성의 상부층은 중력은 강하고 공기는 희박하기 때문에 지구보다 훨씬 빠른 속도로 떨어질 것이다. 지구와 압력이 비슷한 곳에는 암모니아 구름이 떠 있다. 조금 더 내려가면 황화수소 암모늄 구름의 증기를 들이마실 수 있다. 황화수소암모늄 구름층 아래에는 지구인에게 익숙한 수증기로 이루어진 하얀 구름이 있다. 수증기 구름이 암모니아 구름과 부딪치면서 번개가 번쩍인다.

기압이 지구의 지표면에 작용하는 대기압보다 10배 정도 높은(바다 밑으로 90m쯤 들어갔을 때와 비슷한) 곳까지 하강하면 온도는 66℃쯤 된다. 그곳은 이미 위에 쌓인 두툼한 구름층 때문에 거의 빛이 들어오지 않는 암흑 공간이다. 밑으로 내려갈수록 온도는 계속 올라간다. 심연 속으로 계속해서 내려가면 알루미늄이 녹을 정도로 뜨거워지고, 곧 지구 지표면의 대기압보다 1000배는 압력이 높은 곳에 도달한다. 지구 해수면에서 11km 정도 아래에 있는 마리아나 해구Mariana Trench 바닥에서 느낄 수 있는 압력이다. 그때까지는 우주선이 견딜 수 있을지도 모르지만 그 밑으로 내려가면 생존은 보장할 수가 없다. 밑으로 내려갈수록 압력은 더욱 증가할 테고, 결국 우주선은 찌그러질 것이다. 10시간 정도 하강하면 우주선의 티타늄 외피도 녹아서 증발해 목성의 일부가 되어버릴 것이다. 그렇게 되기 전에 다시 위로 돌아가기를 권유한다.

믿을 수 없을 정도로 강한 우주선을 타고 있다면 계속 내려가도 될까? 목성의 상부 대기는 대부분 가벼운 수소로 이루어져 있기 때문에 지구의 대기보다 밀도가 훨씬 낮다. 하지만 밑으로 내려갈수록 공기의 밀도는 높아진다. 지구의 지표면보다 50만 배쯤 압력이 높은 곳으로 내려가면 기체가 아니라 액체가 주위를 둘러싸고 있음을 알게 될 것이다. 그 액체는 액화된 수소이다. 계속 내려가면 수소가 고체인 금속 상태로 존재하는 곳에 도착하는데, 그곳에서는 수소 원자들이 서로 조밀하게 붙어 있어 전자들이 원자 밖으로 빠져나와 느긋하게 돌아다닌다. 그곳에서는 금속의 바다를 물속을 거닐 듯이 돌아다닐 수 있지만 보이는 것은 거의 없을 것이다. 수소가 금속으로 존재하는 목성의 깊은 곳에서는 다이아몬드가 비처럼 내린다는 소문이 있다.

## ○— 탐사선 빌리기

목성의 불확실한 날씨에 매혹된 사람이라면 직접 우주 탐사선을 몰고 나가 광폭하고 혼란스러운 목성의 하늘을 직접 날아볼 수도 있다. 통제 센터가 있는 근처 위성에서 카메라와 센서가 장착된 탐사선을 빌릴 수 있다. 우주 탐사선을 타고 직접 돌아다니면 목성의 기이한 색과 폭풍이 발생하는 원리를 거의 실시간으로 직접 관찰할 수 있다.

길 찾는 데 능숙한 사람이라면 상당히 오랫동안 목성을 둘러볼 수 있을 것이다. 재빨리 핸들을 조정해 번개와 방사선 플레어를 요리조리 피해야 한다. 너무 깊숙이 내려가면 우주 탐사선이 납작하게 눌려 버린다는 사실을 잊지 말자. 탐사선이 그 정도로 손상되면 탐사선을 빌릴 때 맡긴 보증금은 돌려받을 수 없다.

우주 탐사선을 타고 여행하는 데 맛을 들인 사람들은 계속 다른 탐사선을 빌려가며 새로운 대기 덩어리와 폭풍을 쫓아다닌다. 목성 탐사 여행은 끝날 줄을 모른다.

## ○— 혜성 충돌 구경하기

1994년, 목성과 가까운 거리에서 날아가던 슈메이커-레비Shoemaker-Levy 9 혜성이 시속 21만 5700km 정도의 속도로 목성에 충돌했다. 두 천체는 충돌하면서 지구에 있는 모든 핵무기를 한꺼번에 터트린 것보다 600배나 많은 에너지를 방출했다. 슈메이커-레비 9 혜성은 여러 조각으로 쪼개진 뒤에 목성에 충돌했는데, 가장 큰 조각의 지름은 1.6km가 넘었다. 혜성이 충돌한 지점은 구름이 크게 갈라져 표면 밑에 숨겨져 있던 구름층을 몇 달 동안이나 밖으로 드러냈다. 목성은 훨씬 강력한 중력으로 주변 천체들을 끌어당기기 때문에 지구보다 훨씬 많은 소행성이, 훨씬 강력한 세기로 목성에 충돌한다. 충돌 지점에서는 구름층 위로 거대한 기체 기둥이 솟아오르며, 잔잔한 물에 조약돌을 던져 넣으면 잔물결이 퍼져나가는 것처럼 대기 표면 위로 파동이 엄청난 속도로 퍼져나간다.

# 24 근처에는 뭐가 있을까?

　화산과 지각 밑에 대양이 존재하는 커다란 위성부터 기이한 모양으로 자기 멋대로 공전 궤도각orbital angle 을 만들면서 돌고 있는 작은 위성까지, 목성은 태양계에서 아주 독특한 지형을 볼 수 있는 위성을 67개나 거느리고 있다. 지름이 1.5km도 되지 않아서 저중력 상태에서 걸어보거나 팔짝팔짝 뛰기에 딱 좋은 위성도 있다.

　목성으로 휴가를 떠난 사람들은 유명한 갈릴레이 위성Galilean moons 에 가보고 싶어 참을 수가 없을 것이다. 갈릴레이 위성은 목성에 가장 가까이 있는 위성들 바로 너머에 있는 4개의 위성을 뜻한다. 그리스 신화에서 이름을 따온 이오, 에우로파, 가니메데, 칼리스토는 갈릴레이가 1610년에 발견한 위성들로, 지구가 아닌 다른 행성 주위를 도

목성에서 가장 크고 매혹적인 갈릴레이 위성들을 돌아다니며 호핑을 즐겨보자.

NASA/JPL/DLR

는 위성 중에는 제일 먼저 발견됐다. 가장 바깥쪽을 도는 칼리스토를 제외하면 갈릴레이 위성은 모두 방사능 수치가 엄청나게 높다. 항상 휴대용 방사능량 측정기를 몸에 지녀야 하며, 안전한 숙소와 우주선 밖으로 나올 때는 방사능 보호 장비를 제대로 갖춰야 한다. 목성에서 160만 km 떨어져 있는(지구와 달 사이 거리보다 네 배 먼) 고요하고 상쾌한 암석 위성 칼리스토만이 '방사능 불안(바닷물처럼 밀려오는 방사능을 덮어쓰게 될지도 모른다고 걱정하는 사람들에게 나타나는 마음의 증상)'에 시달리지 않고 마음 편하게 돌아볼 수 있는 곳이다.

갈릴레이 위성은 아주 기분 좋은 형태로 상당히 조화롭게 모행성 주위를 돌고 있다. 갈릴레이 위성은 모두 조석 현상을 유도하는 강력한 기조력 때문에 늘 같은 면을 목성으로 향한 채 공전한다. 목성에서 가장 가까운 이오가 공전하는 데 걸리는 시간은 42시간밖에 되지 않는다. 그다음으로 가까운 에우로파의 공전 시간은 그보다 두 배 정도 길어, 지구 시간으로 3.5일 정도면 목성을 한 바퀴 돈다. 가니메데는 에우로파보다 네 배 더 긴 시간을 공전한다. 가장 멀리 있는 칼리스토는 지구 시간으로 거의 17일이 되어야 목성을 한 바퀴 돌 수 있다.

갈릴레이 위성은 모두 주야평분점 equinox 에 영원히 갇혀 있기 때문에 언제 가도 상관없다. 목성 여행의 꽃은 이 매혹적인 둥근 위성들을 탐사하는 것이다.

## ○─ 이오

안전거리를 유지한 채 우주선에 몸을 싣고 이오 주위를 돌면, 이오의 표면이 주황색, 갈색, 노란색, 검은색으로 마구 뒤섞여 있음을 알 수 있다. 그 모습을 보면 지나치게 오래 익힌 피자 같다는 생각을 하게 될지도 모른다. 이오는 화산을 사랑하는 사람들에게 꿈의 낙원이 되어줄 것이다. 태양계에서 가장 맹렬하게 화산이 폭발하는 이오는 화산, 간헐천, 용암 지대로 가득하다.

이오는 목성의 방사능 띠 한가운데에 떠 있기 때문에 그 어떤 위성보다도 방사능 수치가 높다. 이오의 화산에서 터져 나오는 분출물은 우주 공간으로 나트륨 이온과 황 이온을 쏘아올리고, 목성의 강력한 자기장과 만난 이온 분자들은 목성 주위에 전하를 띤 플라스마plasma 고리를 만든다. 이 플라스마 고리가 목성의 극지방에서 볼 수 있는 아

화산으로 뒤덮여 있는 목성의 위성, 이오
NASA/JPL/SPACE SCIENCE INSTITUTE

찔한 오로라의 근원이다. 목성의 자기장은 이오를 가로지르며 300만 암페어의 전류가 흐르는 전기장을 만드는데, 그 때문에 목성의 대기에서는 번개가 친다.

이오의 화산들은 크기도 모양도 모두 제각각이다. 이오에서는 불타는 호수도, 맹렬하게 흘러내리는 용암도, 꼭대기가 움푹 함몰된 칼데라 언덕도 볼 수 있다. 거대한 화산이 뿜어내는 우산처럼 생긴 먼지와 기체 기둥은 하늘 위로 솟구치면서 이오의 풍경을 흰색과 노란색과 붉은색으로 물들인다. 분출된 뒤에는 곧바로 서리처럼 얼어버리는 이산화황의 기이한 모습을 보면, 차가운 겨울날 이제 막 내리기 시작하는 눈이 생각날 것이다. 이오에 있는 100여 개 칼데라는 언제라도 폭발할 수 있다. 이오의 지표면에서 격렬하게 화산 활동이 일어나는 것은 목성과 자매 위성인 에우로파와 가니메데의 움직임이 만드는 강력한 기조력 때문이다. 이 기조력 때문에 이오의 지표면은 최대 90m까지 늘어났다가 줄어든다. 지표면 밑에서 억눌린 에너지가 빠져나올 공간을 찾는 동안 이오의 지표면은 여기저기 갈라지고, 갈라진 틈새 사이로 이산화황 가스와 용암이 끊임없이 새어 나온다.

맹렬하게 활동하는 용암 지대를 거니는 일은 정말로 위험천만한 모험이지만, 이오에서 방사능이 가하는 위협에 비하면 용암의 위협은 상당히 안전한 편이다. 방사능 보호 장비 없이 이오에 도착한 사람은 엄청난 방사능에 노출되어 정말 쥐도 새도 모르게 죽어버릴 것이다. 이오에 있는 동안에는 꼼꼼하게 방사능 수치를 기록해야 한다. 화산 활동 때문에 이오는 매우 건조하니 물도 충분히 가져가야 한다. 불안정한 지각은 자주 갈라지기 때문에 지형도 미리 파악하도록 한다.

어렵게 얻은 휴가를 갑작스럽게 끝내고 싶지 않다면 뜨거운 화산재로 덮여 있는 바위 위는 뛰어넘고, 숨어 있는 간헐천은 피해 가야 한다.

이오 여행은 거대한 용암 호수 로키Loki 에서 시작하는 게 좋다. 노르웨이 신화에서 로키는 자기 모습을 바꾸는 악동 신이다. 높은 곳에서 로키를 내려다보면 위로 우뚝 솟은 지형에서 시커먼 액체가 끓어오르는 말편자처럼 보인다. 지름이 200km나 되는 이 호수는 이오에서 가장 큰 화산 함몰 지형이다. 크기를 생각해보면 로키는 호수라기보다는 바다라고 부르는 것이 더 적절하지 않을까 싶다. 이름이야 뭐라고 하건 간에, 로키 호수의 가장자리는 이글거리는 암석이 언제라도 무너져 떨어질 수 있으니 가까이 가지는 말자. 로키가 발산하는 열기는 지구에서도 볼 수 있다. 로키에 갈 때, 언제 그곳에 가는지 지구 친구들에게 정확하게 알린다면 친구들이 당신이 하고 있는 일생일대의 모험을 망원경으로 지켜볼 수 있을 것이다. 로키의 용암이 내뿜는 열기는 지구에 있는 모든 화산이 내뿜는 열기를 합친 것보다 강하다.

로키 호수의 남서쪽에는 높이가 800m가 넘는 멋진 화산 라Ra 가 있다. 라의 분화구에서는 많은 협곡이 정맥처럼 밖으로 퍼져나간다. 라 화산은 점성이 낮은 용암과 잦은 폭발로 유명하다.

로키 호수에서 동쪽으로, 샌프란시스코에서 덴버까지 가는 거리인 2250km쯤 가면 하와이의 불의 여신 이름을 딴 펠레Pele 화산이 있다. 펠레 화산은 알래스카만큼 큰 붉은 고리에 둘러싸여 있으며, 중심에는 지름이 30km 정도 되는 용암 호수가 있다. 이 호수는 이오에서 활발하게 지질활동이 일어나고 있는 사실을 인류에게 처음 알려주었다. 1979년, 이오의 밤 시간에 이오를 지나던 보이저 1호 우주 탐사선은

300km 높이로 화산 연기 기둥을 뿜어내고 있는 펠레 화산의 모습을 사진에 담았다.

화산 탐사 여행은 위험하다. 갑자기 솟구치는 화산 분출물, 무너져 내리는 지형, 독성 가득한 기체를 언제라도 만날 수 있다. 용암천fire fountain은 언제든지 경고도 없이 다양한 규모로 용암을 분출할 수 있으니, 화산 탐사를 하다가 용암천을 만나면 멀찌감치 떨어지는 것이 안전하다.

펠레 화산에서 남쪽으로 가면 다뉴브 고원Danube plateau이 나온다. 제우스의 연인 이오가 건넌 강과 같은 이름을 붙인 지형이다. 너비가 255km에 달하고 높이가 거의 5km에 달하는 거대한 고원이다. 이 고원은 너비가 25km에 달하는 거대한 협곡 때문에 군데군데 끊어져 있다. 협곡을 걸으면서 멋진 경치를 감상해볼 수도 있겠지만, 서쪽 가장자리는 무너지기 쉬우니 조심해야 한다.

다뉴브 고원에서 정동쪽으로 3200km쯤 가면 프로메테우스가 나온다. 인간에게 불을 가져다 준 그리스 신의 이름을 갖게 된 프로메테우스는 수십 년 동안 화산 활동을 하고 있다고 추정한다. 비교적 느리지만 꾸준히 용암을 뿜어내는 이 화산은 용암 대지로 둘러싸여 있으며, 밝은 이산화황 기둥을 분출하고 있다. 프로메테우스 화산이 뿜어내는 용암은 400km까지 치솟는다. 만약 그 정도 높이에서 이오의 궤도를 돌고 있다면 아무 예고도 없이 우주선 창문 밖으로 솟구쳐 오르는 용암을 가까이에서 지켜볼 수 있을 것이다.

## ○─ 에우로파

명왕성보다 조금 더 크고 목성에서 여섯 번째로 가까이 있는 이 냉랭한 얼음 위성은 암벽 등반가, 심해 잠수부, 외계 생물학 애호가들에게는 천국 같은 곳이다. 간헐천, 얼음 화산, 30m에 달하는 조수가 있는 에우로파도 지질활동이 활발하게 일어나는 위성이다.

에우로파를 하늘에서 내려다보면 하얀 표면에 이상한 자국이 나 있는 모습을 볼 수 있다. 이 자국들은 에우로파의 표면을 수 km 두께로 덮고 있는 얼음층에 난 거대한 균열이다. 지구 중력의 13%에 불과한 약한 중력 때문에 얼음 기둥은 하늘 높이 치솟는다. 에우로파의 얼음층 밑에는 지구에 있는 모든 대양의 물을 합친 것보다 많은 물이 있다.

에우로파를 여행하는 사람은 자신이 얼마나 강한 방사능에 노출되고 있는지 알고 싶을 것이다. 에우로파의 표면을 탐사할 때는 지구에서 대양으로 잠수하는 사람들이 감압병decompression sickness 을 막으려고 바다에 머무는 시간과 잠수한 깊이를 점검하는 것처럼 방사능 노출 시간을 점검해야 한다. 에우로파 표면에서 방사능에 노출되면 며칠 안에 죽을 수 있다. 따라서 방사능을 막아주는 천연 대피소인 얼음 밑에서 머무는 것이 안전하다.

에우로파에는 얼음이 가득하니, 얼음을 가공 처리해 마시거나 연료로 쓸 물을 얻을 수 있다. 에우로파에서 처음 물을 마실 때는 지구에서 활동하는 예술가 톰 삭스Tom Sachs 가 미국항공우주국이 강력하게 추천하는 도기로 최초 제작한 동영상(https://www.youtube.com/watch?v=tJZB4A0wVRM)을 보고, 영상에 나오는 대로 일본식 전통 다도 의식을 치른 뒤에 마시도록 하자. 그러면 영하 수백 ℃로 떨어지는

방사능을 조심하라!
순간의 부주의는 죽음을 불러온다.

차가운 곳에서도 어느 정도는 몸을 따뜻하게 덥힐 수 있을 것이다. 그 정도 온도에서는 에우로파를 덮고 있는 얼음은 암석처럼 행동한다.

이 얼음 위성에서는 중세 웨일스 설화에 나오는 영웅의 이름을 붙인 프윌 크레이터 Pwyll crater 에서 여정을 시작해야 한다. 에우로파가 목성을 향한 면에 있는 프윌 크레이터는 얼음이 깎인 함몰 지형으로 눈에 잘 띈다. 너비가 26km쯤 되는 프윌 크레이터는 중앙에는 높이가 600m쯤 되는 봉우리가 있고, 가장자리 높이는 300m쯤 된다. 에우로파의 크레이터들은 모두 켈트 신화에 나오는 등장인물의 이름으로 불리며, 많은 경우 프윌 크레이터처럼 중심부가 주변부보다 높다.

프윌 크레이터에서 수 km 얼음을 뚫고 들어가면 에우로파의 지하에 있는 열수공hydrothermal vent을 탐사해볼 수 있다. 다이빙 강좌를 듣고 직접 잠수함을 빌려서 열수공을 탐사하거나 수중 로봇과 함께 돌아다녀도 된다. 아니면 계속해서 북쪽으로 올라가 아일랜드 서쪽에 있는 지역의 이름을 딴 얼음 지대, 코나마라 카오스Conamara Chaos로 가도 된다. 코나마라 카오스는 얼음 능선, 갈라진 지표면, 평원 등이 어지럽게 뒤섞인 에우로파의 다섯 카오스 중 한 곳이다. 비교적 젊은 지형인 코나마라 카오스는 에우로파의 지각이 움직일 때 위쪽으로 올라온 물이 지표면을 덮고 있던 얼음을 깨고 나온 뒤 얼어붙어 만들어졌다.

프윌 크레이터의 남동쪽에는 에우로파의 산안드레아스 단층San Andreas fault이라고 할 수 있는 아게노르 리네아Agenor Linea가 있다. 1400km 이상 늘어서 있는 이 밝은 띠는 너비가 19.3km 정도로, 표면이 매끈해 얼음 로버 레이싱을 하기에 정말로 좋다.

아게노르 리네아가 끝나는 곳에는 에우로파의 어두운 지역 가운데 가장 넓은 지역인 트라케 마쿨라Thrace Macula가 있다. 여기서 잠깐 시간을 내어 과학 소설 작가 아서 C. 클라크(1917~2008)의 소설 《2001 스페이스 오디세이 2001: A Space Odyssey》에 나오는 검은 거석巨石을 떠올려보자. 소설 속에서 에우로파는 지적 생명체가 살고 있을지도 모르는 신성한 위성으로 묘사되어 있다.

트라케 마쿨라스에서 서쪽으로 가면 테라 마쿨라Thera Macula가 있다. 테라 마쿨라의 지하 호수는 다음 여행을 떠나기 전에 며칠 정도 푹 쉴 수 있는 아주 완벽한 장소이다. 그곳에서 뜨거운 사우나를 하고 이가 시릴 정도로 차가운 호수 물을 받은 냉탕에 풍덩 빠져보자. 여행을 끝내기 전에 에우로파의 바다소금을 조금 챙기는 것도 잊지 말자.

에우로파에서는 심해를 탐사해볼 수 있다.
으슬으슬, 바다로 퐁당!

진짜 에우로파의 음식을 먹어보고 싶다면 이 소금을 초콜릿 아이스크림에 뿌려 먹어야 한다.

## ○─ 가니메데

에우로파에서 40만 km 정도 떨어진 궤도를 도는 가니메데는 우아하게 소용돌이치는 빛과 군데군데 어두운 지역이 있는 신비로운 얼음 위성이다. 가니메데의 공전 속도는 에우로파 공전 속도의 절반쯤 되기 때문에 두 위성이 나란히 있을 때 에우로파에서 폴짝 뛰어서 가니메데로 건너갈 수 있다. 수백 개 작은 별처럼 표면 여기저기에 산재한 빛나는 크레이터가 있는 이 환상적인 위성은 낭만 가득한 사람들이 꼭 가보기를 꿈꾸는 휴가 장소이다. 가니메데의 북극에는 넓은 지역을 덮고 있는 얇은 얼음관이 있다. 가니메데는 태양계에서 가장 큰 위성인데, 공전 주기가 일주일이기 때문에 이곳에서 일주일만 머물면 목성을 360° 각도에서 모두 감상할 수 있다.

가니메데에 도착하면 곧 뇌 표면에 있는 주름처럼 생긴 기이한 설커스sulcus 지형에 익숙해질 것이다. 600m 높이로 솟구쳐 있는 설커스는 수천 km 길이로 뻗어 있다. 관광객은 방사능을 막아주는 로버를 타고 설커스를 따라 달리는 여정을 택해도 된다. 가니메데의 방사능은 이오나 에우로파보다는 약하지만 지구에 비하면 아주 강하다. 가니메데에는 약한 자기장이 형성되어 있는데, 위성에 자기장이 있는 경우는 드물다. 가니메데의 자기장은 위험한 태양풍을 막기에는 너무 약하지만 목성의 자기권 안에서 기분 좋게 흔들리고, 가니메데의 하늘을 온통 희미한 오로라로 물들이기에는 충분하다. 가니메데에는 산소가 포함된 얇은 대기층도 있는데, 이 대기층은 지구 대기층보다 1000배는 가볍다.

가니메데에 있는 어두운 지역은 암석이 아니라 얼음으로 이루어졌다는 것을 기억하자. 설커스에 볼록 튀어나온 부분이 있다는 것은 수천 km 두께로 얼어 있는 얼음 밑에 암석이 있을지도 모른다는 뜻으로, 충분히 파고 내려가면 지하에 있는 대양에 닿을 수도 있다.

가니메데는 이오와 달리 그다지 위협적인 곳은 아니지만, 먼 과거에는 수증기와 메탄, 암모니아를 뿜던 화산이 활발하게 활동했을 것이다. 화산이 뿜는 이런 수증기도 사실은 이오에서 뿜어내는 용암만큼이나 위험할 수 있다.

## ○— 칼리스토

　칼리스토Callisto 는 갈릴레이 위성 가운데 유일하게 엄청난 방사능 수치를 걱정하지 않고도 한동안 느긋하게 휴가를 즐길 수 있는 곳이다. 에우로파의 두툼한 얼음과 이오의 무시무시한 화산을 찾아볼 수 없는 칼리스토는 목성의 작은 위성들을 둘러보는 동안 여행 본부로 삼아 머물러도 된다.

　칼리스토의 주요 관광지로는 틴드르 크레이터Tindr crater 가 있다. 노르웨이 신화에 나오는 신의 이름이 붙은 이 크레이터는 함몰 지형의 너비가 거의 70km나 되는 아주 거친 지형으로, 운석이 충돌할 때 지표면이 수 km 깊이로 찢겨 나가면서 생성됐을 것으로 추정한다. 칼리스토의 남극 가까이에는 최근에 생겼고, 칼리스토 크레이터 가운데는 아주 큰 축에 속하는 로픈 크레이터Lofn crater 가 있다. 로픈 크레이터의 중심 고리는 지름이 179km쯤 된다. 노르웨이 신화에 나오는 결혼의 신 이름을 딴 로픈 크레이터는 실제로도 결혼식 장소로 유명하다. 단, 친구들이 결혼식에 참석하려고 6억 3000만 km나 되는 거리를 달려와 줄지는 모르겠지만 말이다. 깊이가 800m도 되지 않는 얕은 로픈 크레이터는 공중에서 내려다보면 밝은 광선으로 둘러싸여 있다. 완만하게 침식된 경사면은 장시간 결혼 행진을 하기에 더없이 좋은 장소다. 470km쯤 되는 거리에 여러 크레이터가 늘어서 있는 기풀 카테나Gipul Catena 에도 가보는 게 좋다. 기풀 카테나는 목성의 중력에 끌려온 혜성이 여러 조각으로 쪼개진 뒤에 충돌하면서 생긴 지형이다.

　태양계에서 가장 크고 웅대한 발할라 크레이터Valhalla creater 에서 시간을 보내지 않았다면, 칼리스토를 떠나서는 안 된다. 수성의 칼로리스 분지보다도 넓은 발할라 크레이터의 지름은 4000km에 이르며, 충돌이 일어난 중심부에서 바깥쪽으로 수십 개에 달하는 능선이 동심원을 이루고 있다.

## ○─ 아말테아

거대하고 광대한 목성을 직접 눈으로 보고 싶다면 갈릴레이 위성보다 좀 더 안쪽 궤도에서 목성 주위를 도는 작은 위성들 중 한 곳을 방문해보자. 그런 위성들 중 가장 큰 아말테아Amalthea 는 그리스 신화에 나오는 님프의 이름이기도 하다. 붉은 얼음덩어리가 쌓여 있는 아말테아는 목성의 위성 가운데 세 번째로 모행성에 가깝다. 아말테아에서 보는 목성은 지구에서 보는 보름달보다 약 100배는 크다. 그렇기 때문에 정신없이 휘몰아치는 구름과 대적점을 충분히 경이로운 마음으로 바라볼 수 있다. 아말테아는 12시간 정도면 목성 주위를 한 바퀴 돈다. 하지만 목성의 자전 속도가 빠르고, 자전 방향과 아말테아의 공전 방향이 같아서 출발했던 지점으로 다시 돌아오려면 그보다는 조금 더 시간이 걸린다. 아말테아의 공전 궤도는 아주 미세한 먼지들이 모여서 만들어진 목성의 가는 고리 가운데 하나와 거의 닿아 있다. '아말테아 고사머 고리Amalthea gossamer ring '라고 하는 이 섬세한 고리는 목성의 다른 고리들보다 10배는 더 희미해서 거의 보이지 않는다.

## ○─ 레다

목성을 기준으로 바깥쪽으로 위성의 수를 세어가다 보면 행운의 열세 번째에 레다Leda 가 있다. 너비는 9.7km쯤 되고 지표면의 면적이 일본 오키나와 섬 크기와 얼추 비슷한 이 어두운 위성은 걸어 다녀도 된다. 레다는 거대한 소행성이 깨지고 남은 잔해일 것이다. 목성과의 거리는 1100만 km가 넘지만, 그래도 지구에서 보는 보름달보다 40%는 큰 크기로 목성이 보인다. 공전 주기가 지구 시간으로 240일이 넘기 때문에 레다에 있으면 관광객이 몰리는 갈릴레이 위성에서는 절대로 보지 못했던 목성의 모습을 많이 볼 수 있다.

## ○─ 트로이 소행성군

이 거대한 소행성 군단은 태양을 중심으로 목성 궤도에서 60° 앞이나 60° 뒤에서 마치 그림자처럼 목성을 따르기도 하고 안내자처럼 목성을 이끌기도 한다. 트로이 소행성군Trojan Asteroids에는 지름이 800m보다 조금 더 큰 소행성이 100만 개 넘게 모여 있다. 두 무리로 나뉜 트로이 소행성군은 각각 태양, 목성과 함께 삼각형을 이루는 L4(라그랑주 4)와 L5(라그랑주 5) 지점에 있다.

두 소행성군을 한데 묶어 트로이 소행성군이라고 부르지만, 사실 진짜 트로이 소행성군은 L5에 있는 소행성들이다. L4에 있는 소행성군은 그리스 소행성군이다. 이 그리스 소행성군에는 트로이에서 보낸 첩자인 헥토르Hector라는 소행성이 있다. 물론 트로이 소행성군에도 그리스에서 보낸 첩자가 있다. 바로 소행성 파트로클로스Patroclus이다. 이 두 소행성 군단과 함께하는 행성은 목성만이 아니다. 금성, 화성, 천왕성, 해왕성은 물론이고 지구도 이 소행성군과 라그랑주를 형성하고 있다.

복잡한 형태로 돌고 있는 고리들, 구름이 만들어내는 만화경처럼 어지러운 색상들, 신비로운 육각형 소용돌이가 존재하는 토성은 태양계의 보석 같은 곳이다. 이 거대한 기체 행성이 그토록 고요하다는 사실을 누가 알 수 있었을까? 토성은 지구보다 중력이 살짝 약하다. 토성의 가벼운 대기 속에 높이 솟아 있는 뭉게구름을 뚫고 내부로 내려가는 동안, 왠지 아주 익숙한 곳에 와 있다는 느낌이 들 것이다.

토성에만 갈 수 있다면 그깟 몇 km쯤은(사실은 수백만 km지만) 기꺼이 더 갈 용의가 있다는 여행자와 토성의 고리를 가까이에서 보고 싶은 우주 관광객에게 토성은 즐길 거리가 아주 많은 휴가 장소이다. 토성의 위성과 소위성에는 뛰어놀고 휴식을 취할 다채로운 장소가 가득하다. 작은 얼음덩어리 위에 서 있거나 커다랗고 둥근 암석 위에 서 있을 때면 그 자체로 위성이 아니라 행성에 와 있다는 느낌이 들 것이다. 태양계에서 가장 흥미로운 위성 가운데 한 곳인 타이탄은 그야말로 오래 걷기에 아주 좋은 곳이다.

신비한 고리를 지닌 태양계의 보석

# 토성 ♄

Saturn

지름: 지구 지름보다 9배 이상 크다.

질량: 지구 질량의 95배

색: 살짝 주황색이 가미되고 더러 파란색이 섞인, 노르스름한 갈색

공전 속도: 시속 3만 5400km

중력이 끄는 힘: 몸무게가 68kg인 사람이 토성에 가면 62kg이 된다.

대기 상태: 수소 96%, 헬륨 3%, 메탄, 암모니아, 중수소, 에탄이 조금
들어 있는 두툼한 대기가 있다.

주요 구성 물질: 기체

행성 고리: 있다.

위성: 62개

압력이 1bar일 때의 기온: −139℃

하루의 길이: 10시간 40분

1년의 길이: 지구 시간으로 29년 이상

태양과의 평균 거리: 약 14억 3300만 km

지구와의 평균 거리: 약 12억~16억 km

편도 여행 시간: 근접 통과까지 지구 시간으로 3년 소요

지구로 보낸 문자 도달 시간: 67~93분 소요

계절: 지구와 비슷하지만, 지속 시간이 더 길다.

날씨: 간헐적으로 부는 거대한 태풍, 강한 바람

태양 광선의 세기: 지구에서 받는 양의 1% 정도만 받는다

특징: 고리, 신비한 육각형 소용돌이

추천 여행자: 스카이다이버, 고리 위에 앉아볼 사람, 위성 스포츠를
즐길 사람

# 토성에 가보기로 결심했다면 ♄

 **날씨를 알아두자**

지구에서는 머리 위에서만 날씨가 생성된다. 하지만 토성에서는 그런 상식이 통하지 않는다. 토성에서는 머리 위에서도, 다리 아래에서도 폭풍이 형성된다. 토성에는 지면도 없고 응결핵이 되어줄 먼지도 없고 번개를 맞을 나무도 없다. 그저 자욱하게 피어오른 두툼한 구름, 멈출 기미가 없는 가혹한 바람, 행성을 삼켜버릴 것 같은 거대한 폭풍으로 가득한 하늘밖에 없다.

토성의 하늘을 위아래로 누비며 여행할 때에는 날씨가 어떻게 바뀔지에 큰 관심을 가져야 한다. 목성처럼 토성의 대기도 암모니아와 메탄이 조금 섞여 있는 수소와 헬륨으로 이루어져 있다. 연한 갈색 암모니아 구름이 두툼하게 토성을 감싸고 있는 꼭대기층 대기는 흐릿하고 춥다(기온이 영하 수백 ℃에 이른다). 토성의 대기를 뚫고 밑으로 내려갈수록 온도는 올라가, -74℃ 정도가 되면 황화수소암모늄 구름이 보이고 주변 색은 목성의 구름처럼 적갈색에 가깝게 변한다. 그보다 아래로 내려가면 지구에서 보았던 흰색 수증기 구름이 보이는데, 그때는 이미 기압과 기온이 불쾌할 정도로 높아 있을 것이다.

토성은 태양에서 약 16억 km나 떨어져 있고 목성보다 조금 더 추워서, 지구와 비슷한 대기압이 작용하는 고도에서의 평균 기온은

-139℃ 정도이다. 목성보다는 질량도 작고 중력도 작지만 목성처럼 동쪽으로 회전하는 대와 서쪽으로 회전하는 띠가 있으며, 하루의 길이도 10시간 40분에 불과하다.

적도 부근에서는 바람이 시속 1600km로 강하게 분다. 그래서 토성에서는 바람에 날려가기 쉽다. 토성의 1년은 지구 시간으로 30년에 이를 정도로 길다. 27° 기운 자전축 때문에 생기는 계절 변화가 뚜렷해서 날씨 또한 아주 복잡한 형태로 나타난다. 토성의 북반구에서 봄은 1년에 한 번 (물에 떨어뜨린 식품 착색제처럼) 빙글빙글 돌면서 퍼지는 거친 바람이 토성을 감싸는 폭풍 전선을 생성하는 시기이다. 폭풍 전선이 형성되면 지구에서 치는 벼락보다 1만 배는 강력한 번개가 친다. 그런 번개는 그저 피하는 것이 상책이지만 전기가 통하는 금속으로 만든 우주선 안에만 있다면 아마도 안전할 것이다. 지구에서 비행기가 그렇듯이 전류가 금속 외피를 타고 우주선 밖으로 흐르기 때문에 우주선 내부는 안전하다. 강력한 전류가 공기를 뚫고 빠르게 이동하면서 만드는 진공 때문에 천둥도 친다. 목성처럼 토성에서 치는 천둥도 토성 하늘을 이루는 가벼운 기체로 인해 왜곡되기 때문에, 낮게 우르르 하는 소리가 아니라 높게 씩씩거리는 소리가 난다.

##  언제 가야 좋을까?

목성이 강력한 중력 도움을 줄 수 있을 때가 토성에 가기 가장 좋은 시기이다. 그 시기는 대략 20년에 한 번씩 찾아온다. 은하계 여행 사무국에 문의해 가장 가까운 우주선 발사 가능 시간대를 알아두자.

토성의 봄은 7년간 지속되는 겨울이 끝나고 북극에 있는 육각형 소용돌이가 가장 선명한 각을 띠고 있어 관광하기에 더없이 좋은 계절이다. 이 시기에 조금 더 강력해지는 태양 광선은 토성의 기체를 움직여 아름다우면서도 지극히 위험한 폭풍을 만든다.

##  출발할 때 유의할 점

서둘러 토성에 가고 싶고, 핵무기 1000개 위력을 가진 원자력 엔진이 전혀 무섭지 않다면 미국항공우주국이 1960년대에 추진했고 이제 다시 부활한 오리온 계획 Project Orion 에 동참하는 것도 나쁘지 않다. 상황만 순조롭게 돌아간다면 외부에서 오는 방사능 수치는 핵무기급 에너지를 장착한 우주선이 방출하는 에너지를 능가할 수 있을 것이다.

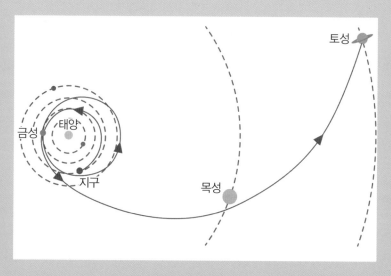

카시니 우주선처럼 목성의 중력 도움을 받는 경로로 항해하면
휴가 기간이 끝나기 전에 토성에 도착할 수 있다.

오리온 계획으로 토성에 갈 생각이라면 우주선이 발사될 때 지구 시민들에게 방사능을 쏟아내지 않도록 일단 지구에서는 화학 에너지로 움직이는 우주선을 타고 출발한 뒤에 우주에서 핵 발전 우주선으로 갈아타야 한다.

토성으로 가는 동안 계속해서 기존에 운행하던 우주선으로 이동하고 싶다면 중력 도움을 받아야만 12억 km가 넘는 거리를 날아갈 수 있다. 중력 도움은 지구나 금성, 혹은 목성에서 받을 수 있다. 외부 행성으로 가려고 내부 행성의 중력 도움을 받다니 이상하다고 생각할 수도 있겠지만, 내부 행성의 중력 도움을 받으면 연료비를 아끼고 멋진 사진을 찍을 기회도 얻을 수 있다.

##  드디어 도착

황갈색 기체 행성에 가까이 다가갔을 때 가장 먼저 눈에 띄는 것은 아름다운 고리이다. 멀리서 보는 토성의 고리는 단단하고 평평하고 변화가 없는 것처럼 보인다. 하지만 가까이 가서 보면 여러 파편으로 나뉘어 있음을 알 수 있다. 우주를 떠다니는 그 파편들 중에는 건물만큼이나 큰 얼음덩어리도 있고 눈에 보이지도 않을 정도로 미세한 먼지도 있다. 파편들은 토성의 중력에 이끌려 뱅글뱅글 돌고 있다. 가까이 있는 파편들은 빠르게, 멀리 있는 파편들은 그보다는 느리게 돌아간다. 고리와 고리 사이에는 커다란 간극도 있는데, 그곳에서는 아주 작은 위성을 볼 수 있다.

게다가 토성이 눌린 공 모양이라는 것도 알 수 있다. 완벽한 구 모양의 행성은 어디에도 없지만 토성은 다른 행성들에 비해 훨씬 더 많이 눌렸다. 워낙 빠른 속도로 회전하기 때문에 토성의 적도는 극지방보다 10% 정도 더 길다(지구도 적도의 길이가 극 길이보다 길지만 그 차이는 1%에 훨씬 못 미친다).

토성에 가까이 가는 사람들은 어떤 대(大)화가가 우주 위에 수채화로 그려놓은 것 같은 화려한 토성이 단지 시각적 환상이 아님을 깨닫고 놀라워할 것이다. 메탄과 암모니아 같은 기체가 어떤 비율로 섞여 있느냐에 따라 다양한 색을 띠는 토성의 구름은 토성의 표면 위에 띠와 대라는 줄무늬를 만든다. 적도에 가까울수록 더 두꺼워지는 토성의 줄무늬들은 토성의 대기 속을 날아다니는 제트 기류들이다. 좀 더 가까이 다가가면 거칠게 돌고 있는 눈물방울처럼 생긴 폭풍을 볼 수 있을 것이다.

토성의 대기 속으로 들어가면 잠시 동안 지구에도 있는 모양도 크기도 다양한 성긴 구름을 관찰할 수 있다. 가장 꼭대기층에 있는 구름은 암모니아로 만들어져 있는데, 황이 조금 들어 있기 때문에 상당히 부드러운 황갈색으로 빛나고 있을 것이다. 이는 지구라는 행성에 인간이 스모그를 뿜어내는 자동차를 만들었던 시기보다 수십억 년도 전에 행성이 자체적으로 천연 스모그를 만들었다는 명확한 증거이다.

## 🧑‍🚀 토성에서 돌아다니려면

우주에서 가장 가벼운 원소인 수소가 토성의 하늘에서 차지하는 비율은 전체 기체 양의 96%이다. 토성의 대기는 물보다 밀도가 작다.

아주 거대한 욕조에 물을 채우고 토성을 넣는다면, 토성은 물에 뜰 것이다. 따라서 토성에서 우주선을 타고 여행하려면 아주 특별한 기술을 사용해야 한다. 지구에서 수소는 ―비교적― 무거운 지구 공기보다 훨씬 가볍기 때문에 열기구나 우주선에 수소를 채우면 하늘 위로 훨훨 날아올라간다. 토성에서 우주선을 타고 하늘로 올라가는 방법은 차가운 주변 수소보다 훨씬 밀도가 작은 가열한 수소를 우주선에 채우는 것뿐이다. 그건 너무 위험하지 않냐고 묻고 싶은 이들도 있을 것이다. 걱정하지 않아도 된다. 수소와 산소를 섞을 때는 가까이에 화기만 없으면 안전하다. 진공 우주선도 토성을 여행하는 또 다른 방법이 될 수 있다. 결국 우주에서 수소보다 가벼운 건…… 아무것도 없으니까. 문제는 진공 우주선은 언제라도 외부 압력 때문에 납작해질 수 있다는 점이다.

토성의 궤도에 진입해 바라보는 토성의 모습은 정말 경이롭다. 대기는 아주 가볍지만 토성은 정말로 거대하다. 토성을 빠져나오는 데는 토성에서 12억 7000km가량 떨어져 있는 지구의 중력을 빠져나오는 것보다 세 배나 많은 연료가 필요하다. 토성에 도착한 관광객들은 위성 간 우주선을 타고 토성의 위성으로 이동할 수 있는데, 위성들은 대부분 로버를 타면 관광을 할 수 있다. 매우 두툼한 질소 대기에 싸여 있는 거대한 위성 타이탄Titan은 작은 우주선과 비행기를 타고 돌아다니기에 아주 좋다.

## ○─ 북극 육각형 소용돌이

토성의 북극 상공에 떠 있으면 우주에서도 손꼽힐 정도로 매혹적이고도 신비로운 광경을 목격하게 된다. 바로 육각형 소용돌이다. '북극 소용돌이 northern polar vortex '라고도 부르는 이 회전하는 기체 덩어리는 끝부분이 살짝 둥글기는 하지만 뚜렷한 육각형 모양을 하고 있

토성의 북극에 생성되는 육각형 소용돌이는 제트 기류와 유사한 바람이
파동의 각도를 꺾어 각을 지게 만들기 때문에 생긴다.
NASA/JPL/SPACE SCIENCE INSTITUTE

다. 중심부를 지나는 지름이 지구 지름보다 2.5배 이상 길고 두께가 97km에 이르며, 각 선분의 길이가 지구 지름보다도 긴 이 육각형 소용돌이는 태양계에서 볼 수 있는 가장 경이로운 자연 현상 가운데 하나이다. 육각형 소용돌이 안으로 들어가면 시속 350km가 넘는 속도로 부는 바람에 난기류를 만날 각오를 해야 한다. 육각형 소용돌이는 10시간 30분에 한 번씩 완전히 한 바퀴를 돈다.

이런 독특한 자연 현상이 생기는 이유는 무엇일까? 토성의 대기는 깊이에 따라 부는 바람의 속도가 다르다. 따라서 대기의 표면과 안쪽의 서로 다른 바람이 부딪치면서 거대한 파동을 만든다. 북극 지방에는 파동이 가장 높은 파고peak가 여섯 군데 존재하고, 이 거대한 파고들이 육각형 모양을 이룬다. 파동에 나타나는 파고의 수—와 그 때문에 형성되는 기하학 모형—는 파동의 속도와 각각의 바람층에서 부는 바람의 속도 차이로 결정된다.

## ○─ 남반구 허리케인

토성의 남극에는 육각형 소용돌이는 없지만 전혀 깜빡이지 않는 거인의 눈처럼 끝나지 않는 허리케인이 분다. 토성의 허리케인은 지구 허리케인보다 훨씬 빠른 시속 563km라는 무시무시한 속도로 분다. 모험심 충만한 여행자라면 허리케인의 눈 속으로 풍덩 뛰어들려고 할지도 모른다. 그곳은 육각형 소용돌이를 제외하면 토성에서 두툼한 구름에 파묻히지 않고도 대기 깊숙이 들어갈 수 있는 몇 안 되는 장소이다.

## 뭘 하면 좋을까? ♄

### ○— 고리에서 서핑하기

망원경으로 크고 선명한 토성의 고리를 쳐다본 사람은 많다. 하지만 12억 km를 날아와 직접 고리를 만져본 사람은 많지 않다. 야심만만한 우주 여행자에게 토성의 고리를 직접 경험하는 일은 일생일대의 꿈이다. 토성의 고리를 찾아온 사람들은 몇 주 동안 머물면서 그 위에서 명상을 할 수도 있다.

토성에는 굵고 뚜렷한 고리가 일곱 개 있는데, 각 고리는 아주 가느다란 작은 고리 수십만 개로 이루어져 있다. 알파벳 글자로 이름을 붙인 토성의 고리는 살짝 분홍색과 갈색빛을 띤 회색인데, 토성에서 6만 4000km에서 48만 km에 이르는 곳까지 뻗어 있다. 토성의 구름층 꼭대기와 고리의 가장 안쪽 경계 사이에 있는 공간의 너비는 토성너비의 절반쯤 된다.

토성에서 가장 가까운 고리는 D고리이다. C고리와 가장 두껍고 밝은 B고리는 그보다 바깥쪽에 있다. 이 세 고리 바깥쪽에는 다른 고리들과 안쪽에 있는 세 고리를 분리하는 넓은 간극이 있다. 그 유명한 카시니 간극 Cassini Division 이다. 흔히 알려진 것과 달리 카시니 간극은 텅 빈 공간이 아니라 먼지가 조금 떠다닌다.

카시니 간극을 지나면 A고리가 있고, 그 너머에는 카시니 간극보다는 작은 엔케 간극 Encke Gap 이 있다. 그 뒤로 차례로 F고리, 그리고 아주 희미한 G고리와 E고리가 있다.

토성의 고리는 두께가 9m 정도밖에 안 될 정도로 아주 얇기 때문에 가느다란 실처럼 보이는 옆쪽이 아니라 위나 아래에서 보는 것이 좋다. 고리를 가까이 다가가서 보면 생각보다 입자들 모습이 규칙적이지 않다는 사실을 알게 될 것이다. 입자들은 움직이는 방향으로 길게 늘어져 제각기 다른 모습을 하고 있으며, 덩어리들 사이는 크게 벌어져 있다. 고리를 이루는 모든 입자를 한데 모으면 중간 크기의 토성 위성을 하나 더 만들 수 있을 것이다.

토성의 고리들은 변하지 않는 안정적인 상태가 아니라 살아 있는 것처럼 줄어들기도 하고 늘어나기도 한다. 토성의 위성들은 우아하게 고리와 어울리면서 자신들의 중력으로 고리에 잔물결을 만들고 고리를 춤추게 하면서 고리의 움직임에 영향을 미친다. 위성의 영향을 받은 고리들은 화염을 분출하기도 하고 두꺼워지기도 하고 가장자리에 울퉁불퉁한 산 같은 지형이 만들어지기도 한다. 바퀴살처럼 생긴 어두운 부분이 고리를 가로지르며 생겼다가 사라지기도 한다. 토성의 고리는 위성들과 지나가던 혜성이 주는 얼음을 먹고 자란다. 유입되는 얼음이 밖으로 빠져나가는 얼음보다 적은 것으로 추정되기 때문에 시간이 흐르면 토성의 고리는 완전히 사라질 것이다.

고리가 만들어진 이유를 그 누구도 정확히는 알지 못하지만 가장 그럴듯한 추론은 토성에 아주 가까이 있던 위성이 폭발하면서 만들어졌다는 것이다. 토성은 자기 곁에 바짝 붙어 있는 이 위성의 안쪽과 바깥쪽을 다른 힘으로 잡아당겼고, 결국 위성은 기조력 때문에 산산이 부서질 때까지 늘어날 수밖에 없었다는 것이다.

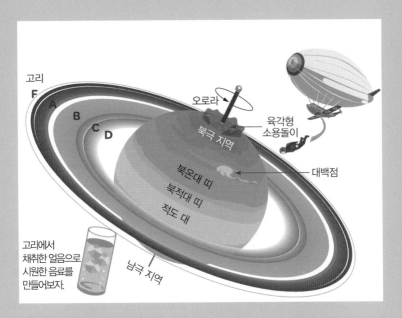

고리

토성의 새해에 볼 수 있는 고리들

전체 구성 물질의 93% 이상이 얼음인 토성의 고리로 가서 얼음을 캐보자. 그 얼음으로 우주 칵테일을 만들어 바위에 앉아 마시자. 얼음에 섞여 있는 자갈이나 소금, 독성 물질은 철저하게 제거해 달라고 바텐더에게 부탁하는 것도 잊지 말길 바란다.

## ○─ 오로라 구경하기

토성의 극지방에 가면 남극이 되었건 북극이 되었건 오로라는 반드시 보고 와야 한다. 목성처럼 토성의 자기장도 태양과 위성이, 그리고 행성이 방출하는 전하를 띤 입자를 붙잡아 자극 위에 넓게 펼쳐놓는다. 에너지를 띤 입자가 토성의 상부 대기층에 부딪치면 빛의 형태로 전환된 에너지를 대기 속 입자나 분자에게 전달한다.

토성의 자기장은 이웃한 목성의 자기장만큼 강력하지는 않지만 토성의 자기장이 만드는 빛은 목성의 빛만큼이나 아름답다. 토성의 대기에서 만들어지는 오로라는 97km 상공에서 펄럭이는 거대한 커튼처럼 보인다. 토성의 오로라는 가장 밑 부분은 분홍색이지만 위로 갈수록 색이 바뀌어, 가장 높은 곳에서는 사랑스러운 보라색을 띤다.

## ○─ 폭풍 쫓기

정신없이 빙글빙글 돌아가는 토성의 대기는 커피와 아이스크림과 초콜릿을 섞어 빙글빙글 돌리는 것처럼 보인다. 수십 년에 한 번씩 거대한 폭풍이 토성을 휩쓸고 다니기 때문에 태양계를 돌아다니며 폭풍을 쫓는 사람들에게는 최고의 휴가지다. 이 거대한 대백점 Great White Spot 은 지구 시간으로 지난 140년 동안 단 여섯 차례 관측됐다. 토성의 북반구가 여름일 때 한 번씩 관찰된 것이다. 미국 전체 면적보다도 큰 대백점은 지구에서 폭풍이 생기는 원리와 같은 방식으로 대기 속 수증기가 증가했다가 줄어들었다 하면서 형성된다고 추정하지만, 토성에서 폭풍이 발달하는 시간은 지구에서 폭풍이 발달하는 시간보다 훨씬 길다.

## ○─ 스카이다이빙

토성은 지구보다 훨씬 크기 때문에 지구와는 다른 스카이다이빙 환경이 조성되어 있다. 스카이다이빙을 할 때는 평판이 좋은 회사를 선택해야 하고, 무엇보다도 고객이 안전하게 떨어졌다는 사실을 확인

뒤쪽에서 오는 태양 광선을 받아 밝게 빛나고 있는 토성의 고리들

한 뒤에야 비용을 받는 가이드와 계약을 맺어야 한다. 실력이 없는 가이드는 너무 높은 곳에서 고객을 떨어뜨리기 때문에 지나치게 빠른 속도로 낙하하게 된다. 이런 가이드와 함께 스카이다이빙을 하러 간 사람은 조밀한 기체 사이를 너무나도 빠른 속도로 통과하기 때문에 유성처럼 타버리고 만다.

이런 사실을 알았다고 해서 너무 겁먹을 필요는 없다. 안전한 고도에서 출발한다면 불에 타 사라질 정도로 속도가 빨라지는 일 없이 스카이다이빙을 즐길 수 있으니까. 우주선 외부 출입구에 섰을 때 지구에서보다 몸무게가 살짝 가벼워진 것처럼 느끼는 곳에서, 그러니까 지구의 지표면이 받는 대기압과 거의 같은 압력이 작용하는 고도에서 준비를 하고 뛰어내려야 한다. 일단 출입구에서 발판을 박차고 뛰어내리면 지구에서보다 조금 더 천천히 낙하 속도가 빨라질 것이다. 시속 193km 정도에서 낙하 속도가 일정해지는 지구의 종단 속도와 달리 토성의 종단 속도는 시속 515km 정도로 아주 빠르다. 대기 밀도가 낮아 공기의 저항도 작기 때문이다. 스카이다이빙을 즐기는 관광객은 하늘과 자신을 가르는 것이라고는 우주복밖에 없는 상황에서 레이싱 카보다 훨씬 빠른 속도로 하늘을 가르며 떨어질 수 있다.

낙하는 노랗고 성긴 암모니아 얼음 구름층에서 시작된다. 10분쯤 낙하하면 낙하 속도는 시속 96km 정도에 이르고, 두툼하고 붉은 황화수소암모늄 얼음 구름층을 통과하게 된다. 마지막으로 닿는 구름층은 친숙한 수증기 구름층이다. 낙하하는 내내 보이는 것은 거의 없을 것이다. 토성의 구름층 꼭대기에 닿는 태양 광선도 지구에 닿는 태양 광선의 1%에 불과하기 때문에 구름 속으로 들어가는 순간 주변은 훨씬 어두워진다. 결국 하늘은 완전한 암흑에 싸여서, 마치 어두운 심연에서 자유낙하하고 있다는 기분이 들 것이다. 그런데 아무리 떨어져도 땅에 부딪칠 염려는 없다. 토성에는 부딪칠 땅이 없으니까. 하지만 너무 깊숙이 내려가면 우주복이 압력을 견디지 못하고 납작해질 것이다. 어둠 속에서 쉬지 않고 밑으로 떨어지느라 지겨웠을 테니 우주복이 찌그러지기 전에 낙하산을 펴고 낙하산 엔진을 점화해 위에서 대기하고 있는 구조선으로 돌아가자.

사람이 생존할 수 있는 고도를 지나쳐서 계속해서 밑으로 내려가면 토성에서 가장 신비로운 장소에 도달한다. 그곳에서는 고체 다이아몬드가 질펀해진 눈처럼 뭉쳐 있을 것이다. 다이아몬드의 지름이 3cm쯤 되는 곳까지 더 내려가면 다이아몬드가 비처럼 내리는 모습을 볼 수 있다. 기체와 얼음으로 된 거대한 행성은 모두 내부에 다이아몬드를 숨기고 있지만, 토성이 숨기고 있는 이 매혹적인 빗방울의 양은 정말로 어마어마하리라고 추정한다.

## ○─ 불꽃놀이 구경하기

토성의 대기는 96%가 수소로 이루어져 있기 때문에 산소만 있으면 격렬하게 폭발한다. 귀중한 산소를 낭비한다는 생각을 하면 눈살이 찌푸려질지도 모르고, 숙소나 우주선 안에서 불꽃을 터트린다는 것은 지극히 위험한 생각이지만, 그래도 특별한 날에는 토성의 대기에 있는 수소를 조금 모아서 인공으로 공기를 채운 공간에 들어가 철저하게 통제된 상태로 불꽃놀이를 해보자. 수소에 불을 붙이면 맹렬하게 폭발하면서 작은 버섯구름이 만들어진다.

# ♄ 근처에는 뭐가 있을까?

토성에 갔는데 굳이 위성을 한 군데만 둘러볼 이유가 있을까? 토성에는 위성 호핑(한 위성에서 다른 위성으로 옮겨 가며 관광하는 행위-옮긴이)을 할 수 있는 다양한 재미를 갖춘 위성이 62개나 있다. 하지만 단 한 군데밖에는 둘러볼 시간이 없다면, 그때는 무조건 타이탄으로 가야 한다.

## ○─ 타이탄

지구를 떠난 뒤에도 해변에서 휴가를 보내고 싶다면 타이탄이야말로 제격이다. 하지만 조심해야 한다. 타이탄의 해변에서 보내는 휴가는 햇살이 따사로운 카리브해에 있는 칸쿤Cancún 해변보다는 남극 해변에서 탐사를 하는 것과 비슷하니까. 타이탄의 해변은 영원한 어둠 속에 감싸여 있기 때문에 그곳에 적응하려면 조금 시간이 걸린다. 태양이 하늘 높은 곳에 떠 있을 때에도 지구에서라면 일몰 15분 후처럼 어둡고, 태양은 언제나 두툼한 구름에 가려져 흐릿하게 보인다. 하지만 일단 어둠을 뚫고 주변을 볼 수 있다면 이 주황색 위성의 암석 해변이 얼마나 사랑스러운지 알 수 있을 것이다.

타이탄의 대기에 들어 있는 독성 물질과 극지방에 가까운 차가운 날씨는 조심해야 하지만, 기압은 지구 해수면 대기압의 1.5배 정도이기 때문에 압력을 조절하는 우주복을 입을 필요는 없다. 타이탄에서

는 옷이 몸에 착 달라붙는다는 느낌이 들 것이다. 마치 다이빙이 가능한 수영장 바닥에 내려간 것처럼 말이다.

탄화수소 호수나 강에 첨벙 뛰어드는 것도 아주 신나는 경험이다. 탄화수소는 물보다 무겁기 때문에 보온 우주복을 입고 있어도 점성이 있는 액체 위에 둥둥 떠 있을 수 있다. 돌고래처럼 탄화수소 호수의 표면 위로 펄쩍 뛰어올라보자. 인내심을 가지고 가만히 앉아 있으면 대부분은 아무 소리도 들리지 않는 고요한 타이탄의 바다에서 해변에 부딪치는 파도 소리를 들을 수 있을 것이다. 타이탄의 파도는 지구와는 사뭇 다른 대기와 추운 기온 때문에 아주 낯설고 낮은 소리를 낸다. 점성이 큰 액체, 두툼한 대기, 천천히 부는 바람 때문에 파도가 움직이는 속도는 지구보다 훨씬 느리다.

한참 동안 해변에 앉아 있으면 많은 사람이 찾아와 원반 던지는 모습을 볼 수 있을 것이다. 숙련된 원반던지기 선수라고 해도 타이탄에서 원반던지기 시합을 하려면 적응할 시간이 필요하다. 하지만 타이탄의 대기는 원반던지기에 아주 적합하다. 엄청나게 밀도가 큰 대기 덕분에 원반은 아주 높이 올라가고 강한 공기의 저항을 받아 천천히 내려온다. 단, 타이탄에서 원반을 던지려면 팔 힘이 정말 강해야 한다.

해변에서 느긋하게 쉬고 싶은 사람이 아니더라도 타이탄은 충분히 매력적이다. 수많은 메탄과 에탄 호수는 해변과 해변을 감싸고 있는 안개를 보려고 몰려드는 보트 여행객에게도 나무랄 데 없는 휴양지이다. 메탄은 밀도가 낮기 때문에 메탄 호수에서 배를 처음 타는 사람은 호수 표면 아래로 깊숙이 내려가는 배를 보고 깜짝 놀랄지도 모르겠다. 점성이 낮은 호수에서는 배가 쉽게 앞으로 나아간다. 크라켄 바다 Kraken Sea 는 보트 여행객들에게는 유명한 장소이다. 지구의 카리브 해보다 크고 타이탄에서도 가장 큰 바다인 크라켄 바다는 깊이가 200m에 이르는 지점도 여러 군데다.

타이탄에는 독특한 너울이 인다는 소문 때문에 서퍼들도 이 위성으로 몰려든다. 하지만 속으면 안 된다. 타이탄은 겨울이면 바람도 잦고 바다도 잔잔해진다. 타이탄의 파도는 보통 파고가 몇 cm밖에 안될 정도로 잔잔하고 바람도 시속 2.4km 정도로 느리게 분다. 하지만 운이 좋아서 드물게 부는 큰 파도를 잡아 탈 수만 있다면 그 어떤 위성에서도 할 수 없는 경험을 하게 될 것이다. 극지방의 바다에서 생성되는 허리케인을 만나면 정말로 멋진 서핑을 즐길 수도 있다.

폭풍이 불면 메탄 비가 내리기도 하는데, 메탄 빗방울은 지구에서 내리는 빗방울보다 거의 두 배가량 크다. 타이탄은 대기가 짙고 중력이 작아서 비가 눈처럼 천천히 내린다. 폭풍이 부는 동안에는 번개도 보고 천둥소리도 들을 수 있다.

해변에서 충분히 시간을 보냈다면 모래언덕이 있는 적도로 이동하자. 일정한 형태의 알갱이로 이루어져 있는 모래언덕은 아스팔트처럼 색이 진하고 수수하고 아름답다. 로버를 타고 다니다가 가파른 언덕이 나오면 로버에서 내려 직접 걸어 올라가보자. 기회가 된다면 공중에서 모래언덕을 내려다보자. 적도를 쭉 두르며 이어져 있는 모래언덕을 볼 수 있을 것이다.

타이탄을 즐기는 아주 좋은 방법 가운데 하나는 사람의 힘으로 직접 날아보는 것이다. 타이탄의 대기는 스프처럼 걸쭉하고 중력은 약하기 때문에 날개 달린 우주복과 팔딱이는 팔, 추진력 보조 장치만 있으면 새처럼 날 수 있다. 아무리 중력이 약해도 짙은 대기를 뚫고 글라이더처럼 생긴 날개를 옮기는 일은 쉽지 않다. 휘발유를 한 방울 떨어뜨리기라도 하면 얼굴 보호막에 달라붙어 응결되고 말 것이다. 하늘을 날려면 가능한 한 아주 빨리 뛴 다음에 추진력 보조 장치를 작동하고 펄쩍 뛰어내려야 한다. 일단 지표면에서 다리를 떼었으면 있는 힘껏 날개를 퍼덕여 하늘로 올라가야 한다. 두툼한 주황색과 노란색 안개가 땅을 가려 보이지 않을 정도가 되면 하강해서 메탄 호수의 표면을 스치듯이 날아보자.

역사에 관심이 많은 사람이라면 남반구에 위치한 제너두Xanadu 라는 밝은 지역에서 하위헌스 탐사선의 잔해를 찾아보자. 하위헌스 탐사선은 인류가 최초로 외부 태양계에 착륙시킨 우주 탐사선으로, 타이탄의 표면 모습을 최초로 찍은 사진들을 전송해 이곳이 황량한 암석 땅임을 알려주었다.

## ○─ 판

토성에서 제일 가까운 위성 판Pan 위에서 토성의 고리를 자세히 관찰해보자. 판은 호두처럼 생겼다. 판은 그대로 두었으면 또 하나의 고리가 되었을 입자들을 모두 끌어모아 엔케 간극을 만들고 자신은 위성이 되었다. 그리스 신화에서 판은 양을 이끄는 목동의 신인데, 토성의 궤도에서는 자신의 중력을 이용해 고리가 될 입자들을 이끌었다.

## ○─ 판도라

얼음으로 가득 찬 판도라Pandora 는 밝은 위성이다. 판도라에는 근사한 공동이 가득하니, 하나 찾아서 그 안에 쭈그려 앉아보자. 그곳에서 판도라가 도는 동안 토성을 바라보는 것이다. 판도라는 자전 주기와 공전 주기가 같은 공주기 회전을 하기 때문에 토성의 모습을 놓치지 않고 계속 감상할 수 있다.

## ○─ 프로메테우스

감자같이 생긴 이 얼음 땅의 길이는 137km 정도이다. 프로메테우스Prometheus 는 작은 위성이지만 가까이 있는 F고리를 토성의 고리 가운데 가장 기이한 고리로 만들 위력을 갖추고 있다. 프로메테우스의 중력 때문에 F고리는 출렁이기도 하고 끊어지기도 하고 구부러지기도 한다. 보고 있으면 최면에 걸릴 것처럼 복잡하고 역동적인 F고리

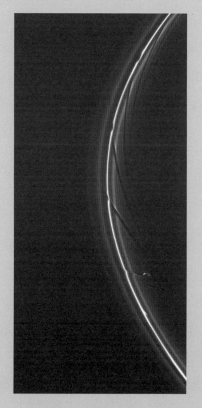

위성 프로메테우스의 중력은 토성의 고리를 춤추게 한다.

NASA/ESA/JPL/SSI/CASSINI IMAGING TEAM

를 가장 가까운 곳에서 관찰하고 싶다면 프로메테우스로 가자.

## ○— 다프니스

다프니스Daphnis 는 A고리 안에 있는 킬러 간극Keeler Gap 을 돌면서 작은 입자들을 청소한다. 토성의 주요 고리 안에서 공전하는 토성의 위성은 다프니스를 포함해 두 개밖에 없다(다른 한 위성은 판이다). 다프니스에서는 그 어떤 곳보다도 토성의 고리를 자세히 들여다볼 수 있어서, 복잡한 형태로 고리를 요동치게 하는 얼음덩어리와 돌덩어리, 작은 조각들을 직접 볼 수 있다. 간극의 끝에서 수 km 높이로 생긴 파동이 고리 위에 긴 그림자를 드리우는 모습도 관찰할 수 있다.

## ○─ 미마스

영화 〈스타워즈〉를 좋아하는 사람이라면 죽음의 별 The Death Star 을 꼭 닮은 미마스 Mimas 위성을 보려고 12억 8000km가 넘는 우주를 날아 토성으로 갈 것이다. 이 위성의 지름은 193km쯤 된다. 과거에 미마스에 충돌한 거대한 소행성은 미마스의 옆구리에 허셜 크레이터 Herschel crater 라는 아주 거대한 상처를 남겼다. 허셜 크레이터를 만든 충돌 때문에 거의 깨질 뻔했던 미마스는 129km에 달하는 흉터를 간직한 무시무시한 모습으로 남았다.

미마스의 공전 궤도는 카시니 간극에서 아주 멀리 떨어진 바깥쪽에 있지만, 사실 카시니 간극은 미마스 때문에 생겼다. 카시니 간극 끝에 있는 입자들이 토성 주위를 한 바퀴 도는 데 걸리는 시간은, 그보다 훨씬 바깥에서 토성 주위를 도는 미마스의 공전 시간보다 정확히 두 배가 걸린다. 이는 카시니 간극을 도는 입자들이 정기적으로 나란히 늘어서는 경향이 있으며, 그때마다 평소에는 받지 않는 중력의 영향(중력 섭동 gravity perturbation )을 받는다는 뜻이다. 시간이 지나면서 미마스의 중력에 이끌린 입자들은 조금씩 카시니 간극 밖으로 빠져나오고, 그 자리는 빈 공간으로 남는다.

미마스의 넓은 부위를 차지하고 있는 허셜 크레이터 때문에
미마스는 마치 죽음의 별처럼 보인다.
NASA/JPL/SPACE SCIENCE INSTITUTE

## ○─ 엔켈라두스

밝게 빛나는 엔켈라두스 Enceladus 는 토성 위성계의 얼음 왕이다. 지름은 483km 정도로 지구 주위를 도는 달 지름의 7분의 1밖에 되지 않지만 거대한 틈과 크레이터 밭이 있는 지표면은 정말로 다채롭다. 여행자들은 기복이 심한 지표면을 보는 것만으로도 충분히 만족스럽겠지만, 엔켈라두스의 풍경도 관광객과 관광객의 카메라를 행복하게 해줄 것이다.

엔켈라두스는 위성으로 들어온 빛을 상당량 반사해버리기 때문에 아주 춥다. 하지만 꽁꽁 얼어붙을 정도로 춥지는 않다. 고르게 작용하지 않는 토성의 중력 때문에 기조력을 받아 팽창했다가 수축하기를 반복하기 때문에 엔켈라두스의 내부는 따뜻하다. 따라서 위성의 두툼한 얼음층 밑으로는 열기에 녹은 대양이 있다.

위성이 수축하고 팽창하면서 위성의 표면에서는 지각 변동이 일어나 얼음 표면을 가른다. 이 때문에 호랑이 줄무늬tiger stripe 라고 하는 지형이 만들어진다. 이 호랑이 줄무늬는 모두 설커스라고 부르는 틈으로, 보통 길이는 129km, 너비는 1.6km, 깊이는 530m쯤 된다. 관광객은 엔켈라두스의 남반구에서 흔히 볼 수 있는 설커스를 따라 도보여행을 해도 된다. 가장 동쪽에 있는 알렉산드리아에서 시작해 카이로를 지나 바그다드, 다마스쿠스까지 가보자. 물론 여전히 춥기는 하지만 설커스 주변은 엔켈라두스의 다른 지형에 비하면 따뜻하며, 엔켈라두스가 자랑하는 멋진 관광지인 간헐천도 설커스를 따라 쭉 늘어서 있다.

엔켈라두스의 간헐천과 ―간헐천이 뿜어내는 연기 기둥은― 태양계가 간직하고 있는 또 다른 경이로움이다. 지표면에 난 설커스를 따라 쭉 늘어서 있는 간헐천은 100개가 넘으며, 이 간헐천들은 자주 연기를 뿜어낸다. 간헐천 가까이 서 있으면 대기 속으로 높이 솟구치는 증기 기둥을 볼 수 있다. 증기 기둥은 시속 1300km라는 경이로운 속도로 160km 이상 위로 솟아오른다. 하늘로 솟아오른 물과 수증기는 재빨리 얼어버리기 때문에 간헐천 옆에 서 있는 사람들은 아름답게 빛나는 얼음 알갱이 비를 흠뻑 맞을 수 있다. 대기의 간섭이 없기 때문에 염분이 많이 섞인 얼음 결정은 목성의 위성 이오에서 용암이 그

이 얼음 위성은 표면에 있는 간헐천의 갈라진 틈으로 하늘 높이 물을 쏘아 올린다.
하늘로 올라간 물은 가끔 위성의 중력을 벗어나 E고리의 얼음 입자로 거듭난다.

NASA/JPL/SPACE SCIENCE INSTITUTE

렇듯이 커다란 우산 모양이 되어 떨어져 내린다. 염분이 들어 있지 않
은 얼음 알갱이 가운데 일부는 엔켈라두스를 빠져나가 계속해서 토성
의 가장 바깥쪽 궤도를 돌고 있는 E고리에 반짝이는 얼음 알갱이를
공급한다.

간헐천을 모두 구경했으면 거대한 세 크레이터가 나란히 늘어서
있는 눈사람 크레이터 Snowman craters 로 가보자. 이 크레이터들은 정말
로 눈사람처럼 보인다. 이들 분화구는 엔켈라두스의 상당 부분을 가
로지르고 있는 것처럼 보이는 얕은 균열로 가득 차 있다.

## ○─ 히페리온

울퉁불퉁하게 생긴 히페리온 Hyperion 은 온통 구덩이와 크레이터로
가득해서 꼭 스펀지처럼 보인다. 토성 주위를 도는 공전 주기가 21일
인 이 행성은 마음대로 움직이면서 불규칙하게 회전하기 때문에 다음

번에는 어떤 면을 보게 될지 예측할 수가 없다. 히페리온을 탐사할 때는 깊은 구덩이에 빠지지 않도록 조심해야 한다. 한번 구덩이에 빠지면 미로 같은 지하 동굴에 갇혀 올라갈 길을 찾지 못하고 헤매게 될 것이다.

## ○─ 이아페토스

토성에서 세 번째로 큰 위성이자 얼음 세계인 이아페토스Iapetus 는 누군가 커다란 병에 든 시커먼 페인트를 가져와 위성의 옆면에 마구 뿌려놓은 것처럼 보인다. 공전 방향 앞쪽에 있는 반구는 페인트를 뿌

이아페토스의 옆면은 페인트를 뿌려놓은 것처럼 보인다.
NASA/ESA/JPL/SSI/CASSINI IMAGING TEAM

려놓은 것처럼 흑적색이지만 뒤쪽에 있는 반구는 아주 밝다. 이아페토스에는 적도의 4분의 3을 덮을 정도로 길고 높은 산맥이 있다. 이 산맥을 구성하는 산들의 높이는 에베레스트 산의 두 배나 돼서, 주변 풍경 위로 20km가량 솟아올라 있다.

이아페토스의 중력은 지구 중력의 4분의 1밖에 되지 않아서 가파른 산등성이를 오르는 일도 어렵지는 않다. 산 위에서 보는 풍경은 정말 숨 막히게 아름답다. 특히 그곳에서 보는 토성의 모습은 정말로 아름답다. 토성의 고리를 관찰하기에 이아페토스만 한 장소는 없다. 이아페토스는 토성의 고리 일부가 아니라 전체 모습을 한눈에 바라볼 수 있는 유일한 곳으로, 그곳에서 바라보는 토성은 지구에서 바라보는 보름달보다 네 배나 크다.

천왕성은 태양계가 숨겨놓은 보석 같은 곳이다. 이 행성은 괴상한 자기장, 지독하게 긴 계절, 마구 흔들리는 내부 위성들, 그리고 무엇보다도 기울어진 자전축으로 유명하다. 지구를 비롯한 태양계의 모든 행성과 달리 천왕성은 완전히 옆으로 누워서 자전한다. 천왕성의 자전축은 98° 기울어져 있다. 하지만 천왕성에 도착하면 천왕성의 중력 덕분에 기체 하늘 속에 안전하게 머물 수 있다. 여기서도 뒤집힌 행성의 꼭대기 부분을 북쪽이라고 정의할 테니, 관광객들은 행성이 누워 있다는 사실을 조금도 눈치채지 못할 것이다. 천왕성이 누워 있는 이유는 그 누구도 정확히는 모르지만, 태양계가 형성될 무렵에 지구만 한 우주 깡패가 날아와 천왕성에 부딪치면서 뒤집혔기 때문이라는 가설이 가장 유력하다. 천왕성까지 그 먼 거리를 가보겠다고 결심한 용기 있는 결정은 천왕성에 도착한 순간에, 그 독특함을 알게 되는 순간에 충분히 보상을 받을 것이다. 천왕성에는 즐길 거리, 볼거리가 가득하다. 지구와 비슷한 대기압과 중력이 작용하는 고도 위를 떠다니는 공중 도시에서 차갑고 거대한 메탄 하늘이 발산하는 청록색 빛을 듬뿍 받아보자.

관광객들은 그랜드캐니언이 울고 갈 만큼 깊은 골과 틈이 있는 수많은 위성을 방문할 수 있다. 위성들은 '움브리엘, 미란다, 아리엘, 티타니아, 오베론'처럼 윌리엄 셰익스피어 William Shakespeare 와 알렉산더 포프 Alexander Pope 의 작품에 나오는 인물의 이름을 땄다. 이 위풍당당한 위성에 줄지어 늘어서 있는 크레이터와 협곡에는 즐길 거리가 아주 많다.

완전히 옆으로 누워서 자전하는 별
천왕성 ♅

Uranus

지름: 지구 지름의 4배

질량: 지구 질량의 14.5배

색: 연한 파란색

공전 속도: 시속 2만 4100km

중력이 끄는 힘: 몸무게가 68kg인 사람이 천왕성에 가면 60kg이 된다.

대기 상태: 수소 83%, 헬륨 15%, 메탄 2%인 두툼한 대기

주요 구성 물질: 기체

행성 고리: 있다.

위성: 27개

압력이 1bar일 때의 기온: –197℃

하루의 길이: 17시간 14분

1년의 길이: 지구 시간으로 84년

태양과의 평균 거리: 약 28억 8900만 km

지구와의 평균 거리: 약 25억 9100만~31억 5400만 km

편도 여행 시간: 근접 통과까지 지구 시간으로 9년 소요

지구로 보낸 문자 도달 시간: 144~175분 소요

계절: 길다.

날씨: 아름다운 오로라와 번개. 구름층에서 발생하는 폭풍을 덮는
    메탄 안개

태양 광선의 세기: 영원히 지속되는 바다 위의 황혼

특징: 옆으로 누운 자전축

추천 여행자: 위성 스포츠나 번지점프를 좋아하는 사람

# 천왕성에 가보기로 결심했다면 ♅

 **날씨를 알아두자**

천왕성의 장엄한 푸른색에 속으면 안 된다. 천왕성의 날씨는 태양계에서 가장 기이하니까. 천왕성의 계절은 21년에 한 번씩 바뀌기 때

육안으로 보는 천왕성은 고요한 파란 공 같다.
NASA/JPL-CALTECH

문에 '겨울이 오고 있다'라는 말은 이곳에서는 사뭇 다른 의미로 쓰인다. 게다가 자전축이 극단적으로 기울어져 있어 계절이 바뀌는 형태도 아주 신기하다. 천왕성의 남극은 지구 시간으로 84년이나 지속되는 천왕성의 1년 가운데 절반 동안 태양을 향한다. 그렇기 때문에 비록 천왕성의 하루는 17시간 14분이지만 지구 시간으로 1만 5340일이나 해가 지지 않는다. 여름이면 남반구의 하늘은 새벽이 되기 직전의 호수처럼 아주 고요하다. 물론 여름에도 남반구의 호수는 얼어 있을 테지만 말이다. 아, 그리고 천왕성의 호수는 실제로 호수도 아니다. 그저 빙글빙글 돌아가는 얼음과 수소·헬륨·메탄 기체가 섞여 있는 동그란 덩어리일 뿐이다. 계절이 바뀔 때면 천왕성의 표면에서는 어두운 점이 자주 눈에 띈다. 이 점은 지름이 3200km나 되는 폭풍인데, 우주 기상학자들이 '밝은 동반자bright companion'라고 부르는 밝고 성긴 메탄 구름이 이 폭풍을 따라다닌다.

천왕성의 날씨는 계절에 따라 평화롭게 춥거나 혹은 격렬하게 춥다. 전통적으로 지구 북극에서 맞을 수 있는 강한 바람을 사랑하는 사람이라면 천왕성의 날씨를 아주 마음에 들어 할 것이다. 태양에서 수십억 km 이상 떨어져 있기 때문에 천왕성은 태양계에서도 기록적인 한파를 경험할 수 있는 곳이다. 가끔은 해왕성보다도 추울 때가 있다. 지구 시간으로 21년이나 지속되는 여름에도 온도는 −184℃ 이상 올라가지 않는다. 이 온도는 지구 남극의 보스토크 기지Vostok Station에서 기록한 지구 최저 기온보다 두 배나 더 낮다. 천왕성에 도달하는 태양 광선의 양은 지구를 비추는 태양 광선의 400분의 1밖에 되지 않아 사실상 관광객의 체온을 덥혀줄 열기는 없다고 보면 된다.

바람막이는 반드시 챙겨가야 한다. 천왕성에는 시속 900km가 넘는 강풍이 흔히 분다. 지구 기준으로 하면 카테고리 5 허리케인에 해당하는 폭풍도 자주 부는데, 폭풍의 크기는 거의 미국만 하다. 전하를 띤 폭풍우는 격렬한 번개를 만들고, 태양이 활발하게 활동할 때는 오로라도 나타난다.

##  언제 가야 좋을까?

천왕성은 1년이 아주 길어서 지구 시간으로 몇 년이나 천왕성에 와 있어도 천왕성 시간으로는 몇 달밖에 지나지 않는다. 가장 인기 있는 관광 시즌은 한쪽 극은 태양을 향하고 한쪽 극은 완벽하게 그늘에 머무는 하지나 동지 같은 지점至點으로, 42년마다 한 번씩 찾아온다. 중년에 천왕성에 도착해 남은 생애 동안 해가 지는 모습을 지켜보는 기분이 어떨지 상상해보라. 지점이 가까워질 때 태양의 반대편에 있는 천왕성 하늘에서는 수십 년 동안 천천히 지고 있는 해를 볼 수 있다.

수십 년 동안 지속되는 한여름의 낮 시간을 경험하고 싶은가? 2028년에 있을 천왕성의 지점을 축하할 준비를 충분히 한 뒤에 천왕성의 주야평분점이 되기 전에 태양을 향하고 있는 극지방에 도착할 계획을 세우자. 2028년쯤 되면 천왕성은 적도 부근만이 낮과 밤의 구분이 뚜렷할 것이다. 천왕성은 빠른 속도로 자전하기 때문에 천왕성의 하루는 지구 북극권Arctic Circle 지역의 겨울만큼이나 짧다. 하지만 말은 바로 하자. 태양에서 29억 km나 떨어진 곳에 있는데 낮과 밤이 다르면 얼마나 다르겠는가?

연료를 아끼고 싶다면 토성이나 목성의 중력 도움을 받을 수 있을 때 가는 것이 좋다. 어떤 방법을 쓰든 천왕성까지 가려면 10년은 족히 걸린다. 폭풍을 쫓을 사람이라면 천왕성의 폭풍 활동이 활발해지는 2049년에 도착하도록 계획을 짜야 한다.

##  출발할 때 유의할 점

제대로 계획을 세운다면 29억 km나 되는 천왕성 항해도 10년 안에 마칠 수 있다. 일단 휴가 기간은 얼마로 잡을 것인지, 휴가 기간에도 계속 일을 하거나 공부를 하고 싶은지, 여행이 끝난 뒤에는 지구로 돌아오고는 싶은지 등을 결정해야 한다.

핵무기급 에너지를 장착한 우주선을 타면 아주 빠른 속도로 날아갈 수 있고, 지구로 돌아올 가능성도 생긴다. 물론 위험한 선택이지만 집으로 돌아올 수 없을 정도로 늙기 전에 지구로 돌아와 다시 한 번 사랑하는 사람들을 만날 수도 있음을 생각해보면 도전해볼 가치는 충분히 있다.

냉동 상태로 이동하는 것도 따분한 우주여행을 극복하는 유용한 방법이다. 신체 조직을 떼어내 아주 낮은 온도에서 보관했다가 유리화vitrification 과정으로 해동한 뒤 장기를 이식하는 수술은 성공적이었다. 물론 온몸을 완전히 냉동시켰다가 10여 년 뒤에 해동해도 신체 기능이 완전히 회복되리라는 보장은 없지만 말이다. 냉동 이동 기술은 아직까지는 완벽하게 믿을 수 있는 단계는 아니니까 냉동 상태로 천왕성까지 가고 싶다면 재활 치료를 확실히 보장하는 회사를 선택해야 한다. 계약서 약관을 꼼꼼하게 읽어 향후 50년에서 100년 동안 신체 재생 특약을 보장하는지 확인하자. 제대로 냉동과 해동이 된다면 천왕성을 향해 가는 동안 그렇게 (많이는) 늙을 필요도 없다. 우주선 탑승 비용을 내는 대신 냉동 프로그램 임상 실험에 참가하는 방법도 있다. 자신에게 가장 적절한 방법을 택해 여행하도록 하자.

깨어 있는 상태로 다양한 활동에 참여하면서 여행하고 싶은 사람은 크루즈 여객선처럼 꾸민 우주선을 타면 된다. 그런 우주선에는 개인 공간이 거의 없을 것이다. 하지만 좋은 점도 있다. 지구의 최신 소식을 알 수 있고, 좋아하는 텔레비전 프로그램도 볼 수 있다. 물론 지구에서 멀어질수록 지구에 있는 사람과 메시지를 주고받는 데 걸리는 시간은 점점 더 길어지리라는 사실은 알아두자.

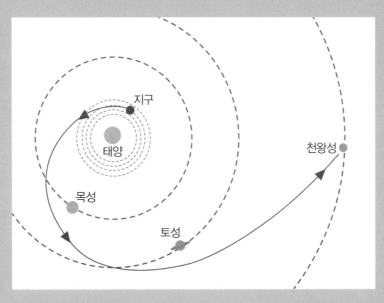

태양계 끝으로 여행을 떠날 때는 여행을 하는 동안 잠을 자는 것도 좋은 이동 방법이다.

**드디어 도착**

자, 드디어 천왕성에 도착했다! 10년 동안 나이를 먹으면서 우주를 날아왔건, 복고풍 원자력 우주선을 타고 날아왔건, 냉동 인간이 되었다가 해동 과정을 거쳐 미래에서 살아났건 이제는 도착했음을 축하하고…… 현지 시계를 구입할 때가 됐다. 천왕성의 하루는 17시간 15분밖에는 되지 않지만 관광객들은 계속해서 지구 시간을 고집한다. 왜냐하면…… 음, 아무튼 그렇다.

수평선이 보이지 않고 주변 환경은 희미하게 윤곽선만 남아 간신

로마에서는 로마 법을 따르고, 천왕성에서는 천왕성 시간을 따르자.

히 어떤 물체인지를 감지할 정도로만 빛이 남은 저녁에 고요한 바다 한가운데에 떠 있어본 적이 있는가? 그 정도 밝기가 천왕성에서는 가장 밝은 밝기이다. 언제나 말이다. 그래서 천왕성의 빛을 '영원히 지속되는 바다 위의 황혼Eternal nautical twilight'이라고 부른다. 하지만 걱정할 일은 하나도 없다. 천왕성 곳곳에 있는 태닝 살롱이나 일광욕실에서 매일 복용할 수 있는 비타민 D 보조제를 구입할 수 있으니까. 천왕성에는 비타민 D 판매처가 지구에 있는 스타벅스만큼이나 많다.

멀리서 보는 천왕성은 별다른 특징이 없는 파란색 공처럼 보일 때가 많다. 부드럽게 물결치며 사방으로 뻗어나가는 두툼한 파란 안개 바다가 천왕성을 완전히 감싸고 있다는 것은 오직 가까이 다가갔을 때에야 알 수 있다.

천왕성에 도착하면 세 시간은 있어야 지구에 있는 가족이나 친구들과 메시지를 주고받을 수 있다(정확히 말하면 2.39시간에서 2.93시간 정도 걸린다). 천왕성에서는 인스타그램이 아니라 레이터그램 #latergram 을 써야 한다.

##  천왕성에서 돌아다니려면

천왕성 궤도를 돌면서 행성을 충분히 감상했으면, 이제 거친 하늘로 들어가 파란색 구름을 자세히 관찰해보자. 천왕성에는 단단한 육지가 없기 때문에 공중 도시에 머물러야 한다.

우주선은 대부분 헬륨과 수소로 이루어진 대기를 아주 느긋하게 날아다닐 것이다. 좀 더 빠른 속도로 움직이고 싶다면 비행기를 타자. 천왕성의 자전 방향과 반대인 서쪽에서 불어오는 제트 기류를 이용하면 훨씬 빨리 이동할 수 있다.

구름이 가득한 하늘을 충분히 보았다면 다시 우주선을 타고 천왕성 궤도로 올라가자. 수많은 위성에서 시간을 보낼 때는 로버나 호퍼를 빌릴 수 있다.

## ○─ 적도 파도를 볼 수 있는 곳

얼핏 보기에 천왕성은 끝없이 펼쳐진 옥수수 밭처럼 아주 단조롭고 따분해 보인다. 하지만 일단 시간을 내어 밑을 내려다보면 첫인상과는 전혀 다른 흥미로운 곳임을 알 수 있다. 천왕성에서 볼 수 있는

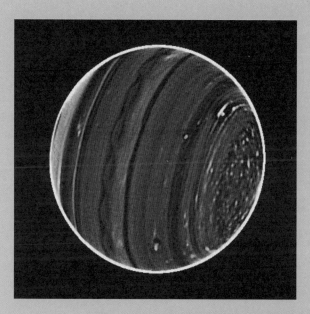

적외선 카메라로 천왕성을 촬영하면 고요한 파란색 구름 밑에
숨어 있는 파동과 반점을 볼 수 있다.
NASA/ESA/L. A. SROMOVSKY/P. M. FRY/H. B. HAMMEL/I. DE PATER/K. A. RAGES

아주 이국적인 풍경 가운데 하나는 적외선으로만 볼 수 있는 적도 남쪽의 날씨다. 관광객은 특수 고글을 쓰면 육안으로는 볼 수 없는 에너지 파장(장파 광선)을 볼 수 있어 구름의 모습을 확인할 수 있다. 밤에 쓰는 적외선 안경처럼 특수 고글도 빛을 증폭해 구름을 좀 더 자세히 볼 수 있게 해준다. 모습을 드러낸 물결무늬는 정말로 아름다워서 보고 즐길 만하다. 이 파도들은 안전한 장소에서 지켜보거나 우주선을 타고 해변 가까이 다가가서 보면 된다.

## ○— 격렬한 북극

적도 지방에서 끝내주게 멋진 파도를 충분히 구경했으면 이번에는 북쪽으로 방향을 돌려 폭풍이 치는 지역을 지나 격렬하게 바람이 휘몰아치는 북극으로 가보자. 목성이나 토성의 북극처럼 천왕성의 북극도 높이 솟은 구름과 대기에 생긴 구멍이 만든 소용돌이가 가득해 얼룩덜룩하고 사랑스러운 반점을 볼 수 있고, 어쩌면 아주 신나게 요동치는 난기류를 만날 수도 있다. 다른 모든 행성에서처럼 천왕성에서도 일기예보에 귀를 기울여야 한다. 천왕성에서는 수년 동안 불던 폭풍이 갑자기 사라지고, 언제라도 새로운 폭풍이 불 수 있다.

## ○— 고리

천왕성에는 모래 알갱이만 한 크기부터 작은 소파 크기까지 다양한 입자로 이루어진 고리가 13개 있다. 천왕성의 고리들은 숯보다 시커멓고 유령처럼 은밀하다. 고리를 이루는 암석과 함께 둥둥 떠다녀 보자. 아무 소리도 들리지 않는 곳에서 고리와 함께 떠돌면서 저 아래

고리를 이루는 암석과 함께 둥둥 떠다니며
고리의 일부가 되는 경험을 해보자.

NASA/ESA/M. SHOWALTER (SETI INSTITUTE)

떠 있는 메탄 구름을 내려다보자. 누구나 고리의 일부가 될 수 있다.

## ○─ 다이아몬드 호수에 가려는 건 과욕

귀중한 보석들이 표면 위를 빙하처럼 둥둥 떠다니는 액체 다이아
몬드 호수보다 더 매혹적인 장소가 있을까? 기체 행성의 내부에는 어
디에나 이런 신비로운 장소가 있으리라고 여겨진다. 하지만 호화로운
호수의 유혹에 굴하고 싶다는 생각은 하지 말자. 그곳에 가려고 했다
가는 아무 소득도 없이 무시무시한 압력과 온도 때문에 결국 납작하
게 찌그러져 녹아버리고 말지도 모르니까.

# H 즐길 거리

## ○─ '공중 베네치아' 다녀오기

구름에 파묻혀서 잠을 자는 것이 평생의 소원이었다고? 베네치아 운하에서나 볼 법한 곤돌라 풍선을 매달은 우주선만 있으면 그 꿈은 충분히 실현할 수 있다. 도시 운하처럼 만든 경이로운 구조물 사이를 둥둥 떠다녀 보자. 천왕성의 공중 도시들은 천왕성의 하루 동안 행성을 한 바퀴 도는 바람에 실려 북극에서 남극으로, 지점至點에서 지점으로, 빈약한 태양 광선을 따라 계속해서 움직인다. 우주선 크루즈는 지구 해수면에 작용하는 기압과 비슷한 기압이 작용하는 고도에서 즐길 수 있다. 행성을 보는 것만으로도 지구 중력을 그리워하는 향수병에 걸릴 수 있을까? 천왕성의 메탄 구름 속에서는 충분히 그럴 수도 있다.

천왕성에는 지구를 떠오르게 하는 요소가 전혀 없다. 천왕성의 사촌 행성들(토성과 목성)처럼 천왕성의 상부 대기층은 헬륨과 메탄이 섞여 있는 차가운 수소층이다. 두툼한 대기는 가시광선에 들어 있는 붉은 계열 빛을 모두 흡수하기 때문에 아주 인상적인 파란색을 띤다. 상부층 아래에는 얼음물, 메탄, 암모니아가 섞여 있는 액체 구름이 있다.

수소로 가득 찬 대기는 산소와 섞이면 폭발할 수도 있기 때문에 위험하긴 하지만 천왕성의 대기권을 벗어나 주변 위성을 둘러볼 때 쓸 수 있는 연료원이기도 하다.

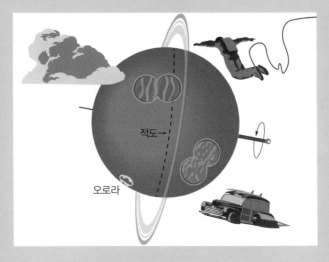

매혹적인 파란색 구, 천왕성에는 즐길 거리와 볼거리가 무궁무진하다.

공중에 떠 있는 도시를 즐길 수 있는 방법은 아주 많다. 우주복을 갖춰 입고 유명한 광장 가운데 한 곳을 거닐면서 황홀한 푸른 하늘을 올려다보자. 자동 압력 조절 장치가 있는 우주복을 입을 필요는 없다. 체온을 유지해주고 숨을 쉴 수 있는 우주복이면 밖에 나와 경치를 감상하는 데 아무 문제가 없다. 발밑에서 번쩍이는 번개를 감상해보자. 태양 광선을 받고 있는 극지방에서 자외선이 만들어내는 환상적인 전자광electroglow도 놓치지 말자. 전자광은 오로라와 비슷한 현상이다.

## ○─ 헬리옥스 클럽에서 긴장 풀기

풍부한 헬륨 덕분에 공중 도시의 밤 시간은 사뭇 활기차다. 지구에 있는 산소 바(산소를 돈을 주고 사 먹을 수 있는 곳-옮긴이)처럼 천왕성을 찾는 관광객들은 다양한 비율로 섞여 있는 헬리옥스Heliox(산소와 헬륨을 혼합한 기체-옮긴이)를 구입할 수 있다. 기구를 타고 하늘을 나는 날에는 밤에 헬륨을 마시고 낄낄대보는 것도 피로를 푸는 재미있는 방법이다. 밤에 클럽에서 개최되는 '누가 누가 제일 날카롭고 높은 소리를 내지를 수 있는가' 콘테스트는 금방 참가자가 차고, 경쟁 또한 치열하다. 헬리옥스 클럽은 대부분 헬륨이 들어 있지 않은 음료도 함께 판매한다.

## ○— 비행선 여행

구름이 잔뜩 낀 신비로운 천왕성의 하늘을 탐사해보고 싶은 사람이 있을지도 모른다. 그런 사람은 비행선을 타고 연한 파란색 구름 속으로 퐁당 뛰어들어보자. 잠수함 같기도 하고 열기구 같기도 한 독특한 비행선을 타면 천왕성의 기이한 대기를 가까이에서 직접 볼 수 있다. 천왕성의 공중 도시에는 여러 여행사가 관광객을 유치하려고 상주해 있는 비행선 공항이 있다. 1인용 비행선을 타고 하루 종일 안쪽 대기층을 둘러볼 수도 있고, 천왕성의 하늘을 가까이에서 구경하는 단체 여행을 할 수도 있다.

파란색 구름을 향해 내려가다 보면 어떠한 변화도 없이 고요해 보였던 하늘이 감추고 있던 세부 모습을 드러낸다. 처음에는 온통 파란 하늘에 둘러싸여 있는 것처럼 느껴질 것이다. 천왕성 하늘도 지구 하늘처럼 빛의 산란 현상 때문에 파란색을 띤다. 하지만 천왕성의 하늘에서는 메탄이 붉은빛을 차단하기에, 지구에서처럼 해질녘 붉은 하늘을 볼 수는 없다. 우리의 마음은 지구에 적응해 있기 때문에 천왕성 하늘에 떠 있으면 발밑에는 단단한 땅이 있다는 착각을 하게 될 수도 있다. 하지만 천천히 구름을 헤치고 밑으로 내려가는 동안 머리를 덮고 있는 두툼한 구름 사이로 가느다란 빛이 내려오는 모습을 보면 발밑에 단단한 땅이 존재할 수 없음을 깨닫게 된다. 계속 밑으로 내려가다 보면 결국 끝없이 이어질 것 같았던 파란 액체 구름바다는 사라지고 하얀 메탄 구름층이 나타난다. 구름 사이로 번개가 번쩍이면 차가운 기온과 묵직한 대기 때문에 지구와는 완전히 다른, 기괴하고 높은 천왕성 천둥소리가 들려올 것이다. 하얀 메탄 구름층 밑으로도 구름층은 더 있다. 노란 암모니아 구름층을 지나면 불그스름한 황화수소 암모니아 구름층이 나타난다. 하지만 걱정할 필요는 없다. 압력 조절 기능이 있는 비행선이 달걀 썩을 때 나는 지독한 냄새를 막아줄 테니까(물론 희망사항이지만). 이 냄새 나는 구름층을 벗어나면 지구인에게 익숙한 하얀 얼음 알갱이 구름이 나타난다. 하지만 그 밑으로도 아주 깊고 어둡고 두툼한 대기의 바다가 계속될 것이다.

물론 그곳에 도달하기 전에 비행선은 납작하게 눌려버릴 것이다. 그러나 일단 더 깊은 곳으로 들어가면 수증기와 암모니아와 메탄이 응축된 바다는 사라지고 액체 수은처럼 보이지만 사실은 액체 금속인 광활한 수소 바다가 나타날 것이다. 그 밑으로는 지구에 있는 전체 용암을 합친 것보다 10배는 많은 용암이 있다. 그 정도 깊이까지 내려갔다면 천왕성의 극단적인 압력과 기온을 이기는 비행선을 타고 있다고 해도, 이제는 재빨리 위로 돌아가는 것이 좋다. 자칫 잘못하면 엄청나게 강한 중력에 갇혀서 영원히 빠져나올 수 없게 될 테니까.

## ○─ 심연으로 뛰어들기

공중 도시 곳곳에 있는 번지점프대로 가서 몸에 밧줄을 매달고 심연으로 뛰어내려보자. 허공으로 고꾸라진다는 것이 어떤 의미인지를 깨닫고 마지막에 취소하는 사람들이 있기 때문에 심연 번지점프 비용은 선불로 내야 한다. 번지점프대 위를 걷는 느낌은 배 위에서 바닷물로 뛰어들려고 널빤지 위를 걸어가는 느낌과 다르지 않다. 단지 이가 시릴 정도로 차가운 바닷물이 아니라 기체 구름 속으로 떨어진다는 것만이 다르다. 번지점프대 위에 서 있으면 자기 차례를 기다리면서 당신이 결국 포기하고 물러나기를 기대하는 얼굴로 쳐다보는 사람들의 시선을 느낄 수밖에 없을 것이다. 하지만 일단 뛰어내리면 시간은 멈추고, 당신과 하늘의 신(천왕성) 외에는 아무것도 느끼지 못한다.

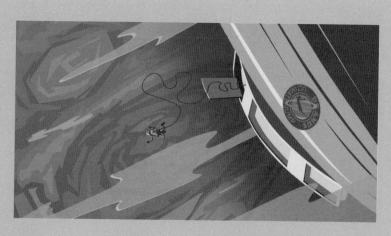

선불로 낸 돈이 아깝지 않게 꼭 번지점프를 성공하자.

# 근처에는 뭐가 있을까? ㅐ

천왕성에는 위성이 27개 있는데, 모두 윌리엄 셰익스피어와 알렉산더 포프의 작품 속 주인공 이름을 가지고 있기 때문에 두 작가의 팬이라면 정말로 행복할 것이다. 위성은 저마다 자신만의 매력을 지니고 있는데, 27개 위성 가운데 가장 작은 위성은 지름이 145km 정도밖에 되지 않는다. 짧게 일주일을 쉬고 오건 몇 달을 머물면서 위성 호핑을 즐길 생각이건 간에, 천왕성에는 모두의 취향을 만족시킬 만큼 다양한 위성이 있다.

천왕성의 위성들은 태양계에 있는 그 어떤 장소보다도 스포츠 애호가들이 시간을 보내기에 좋은 곳이다. 아이스스케이팅, 하키, 테니스, 배구, 골프, 암벽등반 교실이 여기저기 많이 있으니 원하는 수업을 들어보자.

코델리아, 오필리아, 마브 같은 내부 위성에서 일주일 정도 시간을 보내면서 가까운 곳에서 천왕성의 고리도 관찰하고 조금은 극적인 위험도 감수해보자. 데스데모나라는 위성은 1억 년 안에 크레시다나 줄리에트 같은 위성과 충돌할 것이라는 소문도 있다.

## ○─ 티타니아

셰익스피어의 《한여름 밤의 꿈 A Midsummer Night's Dream》에 나오는 요정 여왕 티타니아는 천왕성의 위성계에서도 요정 여왕이다. 지름이

1600km인 아주 거대한 티타니아는 태양계에서 여덟 번째로 큰 위성이라는 명성을 누리고 있다.

티타니아에서 크레이터가 만든 지형 가운데 가장 인기 있는 관광 명소는 메시나 협곡(메시나 카스마Messina Chasma )이다. 길이가 1500km가 넘는 메시나 협곡은 그랜드캐니언보다 길이는 두 배 더 길고 너비는 몇 배 더 크다. 로버를 타고 하루 동안 협곡의 가장자리를 둘러보는 관광을 마치고 왔으면 가족 단위나 커플끼리 즐길 수 있는 수많은 얼음 호텔에서 밤 동안 휴식을 취하자. 상쾌하게 사우나를 하고 드라이아이스 목욕을 하는 것도 좋다. 잠들기 전에 《한여름 밤의 꿈》을 펼쳐 좋아하는 구절을 읽으면서 한낱 여행자인 당신이 어떻게 요정 여왕의 보살핌을 받으며 쉴 수 있을지 고민해보자.

좀 더 짜릿한 경험을 해보고 싶다고? 그렇다면 티타니아에 있는 아찔하게 높은 절벽 위에서 떨어져보는 건 어떨까? 절벽의 높이는 대략 4km쯤 된다. 지구에서 몸무게가 75kg인 사람이 4.5kg 정도 되는 몸무게로 바뀌는 저중력 상태에서 번지점프를 해보면 어떨까. 분명히 쉽게 잊을 수 없는 경험을 하게 될 것이다. 전문가들은 티타니아의 지표면이 아주 푹신하다고 말하지만 저중력 상태라고 해도 충분히 오랜 시간 낙하를 하면 다칠 수 있을 만큼 속력이 증가하기 때문에 아주 튼튼한 밧줄로 확실하게 몸을 묶어야 한다. 티타니아에 있는 절벽처럼 4km 높이에서 낙하하면 저중력 상태라고 해도 지면에 도달했을 때의 순간 속도는 시속 193km에 이른다.

티타니아에 갔으면 가장 인상적인 크레이터들이 남아 있는 북쪽 끝에 가보는 것도 잊지 말자. 햄릿의 어머니 이름을 붙인 거트루드 크레이터 Gertrude crater 는 지름이 300km 정도 된다. 근처에 있는 우르술라 크레이터 Ursula crater 는 그 절반 정도이며, 서쪽에 있는 칼푸르니아 크레이터 Calphurnia crater 에는 독특하게 생긴 타원형 산이 있다. 이 정도면 티타니아 지형들에 붙은 이름의 공통점을 알아챘을 것이다. 모두 셰익스피어의 희곡에 나오는 여자들 이름이다. 티타니아의 지형 이름은 천왕성을 발견한 윌리엄 허셜 William Herschel (1738~1822)의 아들이자 천왕성의 위성들 이름을 지은 존 허셜 John Herschel (1792~1871)의 작품이다.

## ○— 오베론

셰익스피어의 작품에서 이름을 가져온 크레이터들이 마음에 든다면 오베론 Oberon 으로 훌쩍 뛰어가보자. 《한여름 밤의 꿈》에 나오는 요정의 왕이자 티타니아 여왕의 남편 이름을 붙인 위성 오베론에는 크레이터가 아주 많다. 오래된 협곡과 크레이터 위에 더 많은 크레이터들이 있는 것으로 보아 오베론은 과거에 활발하게 지질 활동이 있었던 곳임을 알 수 있다. 크레이터들은 수가 많은 대신 얕은데, 가장 유명하고 아주 큰 햄릿 크레이터 Hamlet crater 는 지름이 199.5km쯤 된다. 오베론에는 지름이 90km쯤 되는 오셀로 크레이터 Othello crater 도 있다. 오베론에서 가장 큰 협곡인 몸무르 협곡(몸무르 카스마 Mommur Chasma )의 경우 길이는 티타니아에 있는 메시나 협곡보다 짧지만 세 배 정도 깊다.

등산을 좋아하는 사람이라면 남동쪽 지역으로 가서 아직 이름은 없지만 에베레스트 산보다 2km 정도 높은 봉우리에 올라보자. 정말

험프티 덤프티 위성이라고도 부르는 미란다의 지표면은 부서진 것처럼 거칠다.

로 그 산을 사랑하게 될 것이다. 어쩌면 당신이 그 산을 최초로 등반하는 사람이 될 수도 있다. 실제로 그렇다면 그 산 이름을 직접 짓겠다고 주장해도 된다.

주변에 있는 많은 위성처럼 오베론의 지표면에도 얼음 형태로 존재하는 물이 많고(드라이아이스는 없다), 여름이면 기온이 −184℃로 올라가고 겨울이면 −240℃로 떨어진다.

## ○─ 미란다

미친 듯이 특이한 곳에 가보고 싶다면? 미란다Miranda 로 가야 한다. 여기저기 구멍투성이인 회색 위성 미란다는 먼 옛날에 한번 깨뜨렸다가 다시 뭉쳐 놓은 것처럼 생겼다. 그래서 일명 험프티 덤프티(루이스 캐럴의 작품인《거울 나라의 앨리스》에 나오는 달걀로, 담벼락에서 떨어져 깨져버린다-옮긴이) 위성이라고 불린다. 태양계에서 가장 신비로운 위성인 미란다는 가장 헌신적인 과학자들이 노력하고 있는데도 쉽게 생성 원리를 설명할 수 없는 지표면을 가지고 있다. 미란다에는 절벽, 단층, 능선, 크레이터, 가파른 비탈, 협곡이 가득하다. 짧은 협곡, 긴 협곡, 에베레스트 산보다 높은 절벽이 있는 협곡이 있다.

미란다에서 가장 독특한 지형은 얼음이 솟구쳐 올라와 형성된 V자 형태의 인버네스 코로나Inverness corona 이다. 엘시노어 Elsinore 코로나와 아덴Arden 코로나도 유명하다. 중력이 지구 중력의 1%도 되지 않기 때문에 한번 높이 뛰면 지구에서보다 100배나 높이 올라갈 수 있다. 모험을 즐기는 사람은 태양계에서 가장 높은 절벽인 19.3km 높이의 베로나 절벽Verona Rupes 으로 가서 번지점프를 해보자.

해왕성은 파란색이 끝없이 펼쳐진 곳이다. 태양에서 48억 2000만 km가량 떨어져 있는 이 거대한 얼음 행성은 강렬한 고독과 평화로운 어둠을 찾는 사람들을 끌어당긴다. 이 한적하고 외진 행성에서는 붐비는 관광객 때문에 귀찮을 일이 하나도 없다. 휘돌아가는 기체로 가득한, 빛나는 파란색 바다 사이로는 간간히 어둠이 끼어든다. 해왕성의 웅장한 구름은 관광객의 마음을 사로잡는다. 해왕성의 구름은 천왕성의 구름보다 규모가 작고 조밀하고 좀 더 맹렬하게 움직이며 좀 더 파란색이지만, 중력은 토성의 대기와 비슷하다. 해왕성에는 신기한 자기장이 있고, 14개 위성이 있고, 성긴 고리가 조금 있다. 해왕성의 구름을 헤치고 나가는 동안, 혹은 가까운 위성에 서서 이 거대한 바다를 넋을 잃고 바라보는 동안, 어째서 이토록 웅장하고 신비로운 행성을 좀 더 빨리 찾아오지 않았을까 하는 안타까운 마음이 절로 들 것이다.

우주 한가운데 평온하게 떠 있는 파란색 구는 전혀 해가 없을 것처럼 보이지만, 아름다운 파란색에 취해 그릇된 결론을 내리면 안 된다. 목성, 토성, 천왕성처럼 해왕성도 격렬한 폭풍이 있는 행성으로, 태양계에서 가장 빠른 바람이 부는 곳이다. 관광객들은 신나게 바람을 맞으며 며칠이고, 몇 주고, 몇 달이고 항해할 수 있을 것이다.

# Neptune

태양계에서
가장 빠른 바람이 부는 파란색 구
**해왕성**

지름: 지구 지름의 3.88배

질량: 지구의 17배

색: 천왕성보다 파랗다.

공전 속도: 시속 1만 9300km 정도

중력이 끄는 힘: 몸무게가 68kg인 사람이 해왕성에 가면 76.7kg이 된다.

대기 상태: 수소 80%, 헬륨 19%, 메탄 1.5%, 물과 암모니아가 조금 들어 있는 두툼한 대기가 있다.

주요 구성 물질: 기체

행성 고리: 있다.

위성: 14개

압력이 1bar일 때의 기온: −201℃

하루의 길이: 16시간 6분

1년의 길이: 지구 시간으로 163.8년

태양과의 평균 거리: 약 44억 9000만 km

지구와의 평균 거리: 약 42억 9700만~46억 9900만 km

편도 여행 시간: 근접 통과까지 8.7년 소요

지구로 보낸 문자 도달 시간: 241~258분 소요

계절: 길다.

날씨: 구름이 많다.

태양 광선의 세기: 지구보다 900배 어둡다.

특징: 태양계 마지막 행성

추천 여행자: 우울한 사람들

# 해왕성에 가보기로 결심했다면 ♆

 **날씨를 알아두자**

태양계의 마지막 행성이라면 마땅히 추워야 한다고 생각할지도 모르겠다. 해왕성은 정말로 춥고 바람이 세다. 태양에서 40억 km 이상 떨어져 있는 행성답게 해왕성에서는 −201℃라는 엄청난 기온도 지극히 정상적인 것으로 여겨진다. 이 거대한 얼음 행성에서는 수소와 헬륨과 메탄 기체가 빙글빙글 돌아가고 있다. 아찔할 정도로 아름다운 해왕성의 파란색은 메탄 때문에 생긴다. 메탄 때문에 천왕성보다 조금 따뜻하고 좀 더 파랗다. 너무나도 추운 행성이지만 중심부는 뜨겁다. 아주 뜨거운 중심부와 극단적으로 추운 외부 대기 때문에 해왕성에는 사나운 바람과 폭풍이 불어닥친다.

해왕성에서는 특이할 것이 없는 평범한 날을 하루 잡아 에탄과 시안화수소(아몬드 냄새로 그 존재를 알 수 있다)와 메탄으로 이루어진 두툼한 구름이 천천히 움직이고 있는 하늘을 직접 날아봐야 한다. 밑으로 하강하는 동안 기온도 급격하게 내려가 기체 구름은 고체 암모니아와 얼음으로 이루어진 구름으로 바뀔 것이다. 이 구름들은 가끔 밑에 있는 파란색 심연에 줄무늬 같은 그림자를 드리운다.

다른 기체 행성과 마찬가지로 발을 디딜 단단한 땅이 없는 해왕성의 하늘에서도 지구 해수면의 기압과 동일한 기압이 작용하는 높이는 관광객이 자신의 위치와 방향을 파악할 때 활용할 수 있는 편리한 기준점이다. 이 기준점에서 밑으로 내려오면 안개와 구름에 싸여 있던 하늘은 얼음 '대양'으로 바뀐다(물론 이 얼음 대양과 지구의 대양은 비슷한 점이 아무것도 없다). 이 대양은 액체 분자로 이루어진 대기층이 아니다. 이 대양은 다른 원자와 결합하지 않은 자유로운 산소·질소·탄소·수소 원자들의 혼합물과 더불어 고체, 기체, 액체 사이에서 갈피를 못 잡고 존재하는 암모니아와 메탄의 화합물로 이루어져 있다. 그보다 더 깊이 내려가면 압력은 급격히 올라서 지구 지표면보다 10만 배는 높아진다. 해왕성의 뜨거운 맨틀 안으로 충분히 깊이 들어가면 마침내 암석과 얼음이 단단하게 뭉쳐 있는 작은 핵을 보게 될 것이다.

해왕성의 계절은 태양 주위를 도는 행성 가운데 가장 길다. 해왕성의 1년은 지구 시간으로 거의 165년이기 때문에 봄이라는 한 계절만 해도 한 사람의 반평생만큼 지속된다. 해왕성의 자전축은 28° 기울어져 있기 때문에 계절 변화가 뚜렷한데, 태양 광선을 받는 쪽 구름이 그늘 져 있는 쪽 구름보다 훨씬 밝기 때문에 계절 변화를 눈으로 확인할 수 있다. 해왕성에서는 1년 내내 바람이 부는데, 해왕성의 바람은 초음속 단위로 분다.

모든 기체 행성은 북쪽으로 혹은 남쪽으로 움직일 때 하루의 길이가 달라지는데, 그 변화가 해왕성에서는 더욱 뚜렷하다. 공식적으로 해왕성의 하루 길이는 16.11시간이지만, 이 길이는 사실 모든 위도에서 기체가 자전축을 중심으로 한 바퀴 도는 시간을 평균적으로 계산한 것이다. 극지방은 12시간이면 자전축을 중심으로 한 번 돌지만 적도지방은 거의 18시간이 지나야 한 바퀴 돈다. 남위 50도에서 북위

45도 정도까지를 두르고 있는 거대한 중앙 기체 띠는 시속 1450km
에 달하는 속도로 동쪽 방향으로 분다. 좀 더 긴 하루를 보내고 싶다
면 바로 이곳을 선택해야 한다.

보통 해왕성의 바람은 강력하지만 일정한 속도로 부는데, 갑자기
시커먼 점처럼 보이는 폭풍이 발생하면 평온했던 해왕성의 대기는 심
하게 흐트러진다. 밝은 구름에 둘러싸인 해왕성의 폭풍은 거대한 소
용돌이다. 목성의 폭풍과 달리 해왕성의 폭풍은 좀 더 자주 생성되고
소멸된다.

 ## 언제 가야 좋을까?

엄청나게 먼 거리, 극단적인 추위, 강력한 바람이 부는 날씨를 생각
해보면 해왕성에 가기 좋은 시기란 없다. 또한 나쁜 시기도 없다. 해
왕성의 북반구가 여름일 때 가고 싶다면 40년이라는 넉넉한 여유가
있다. 게다가 여름이 한창일 때 가더라도 목숨을 위협하는 끔찍한 추
위에서 벗어날 방법도 없다.

어느 계절에 가더라도 해왕성에서 볼 수 있는 풍경은 거의 변화가
없겠지만, 폭풍을 특히 사랑하는 사람이라면 폭풍이 자주 생성되는,
계절이 바뀔 무렵에 가는 것이 좋다. 해왕성 북반구에 다음 춘분점이
찾아오는 시기는 2044년이다.

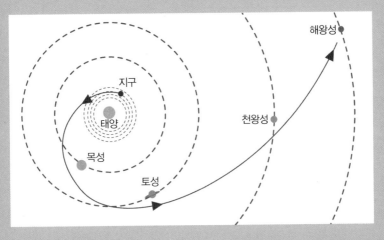

우리 태양계에 위치한 마지막 행성까지 가는 데는 시간이 조금 걸리지만,
먼 거리를 여행할 만한 가치는 충분히 있다.

##  출발할 때 유의할 점

해왕성은 태양계에서 공식적으로 인정받는 마지막 행성이다(명왕
성한테는 미안하지만). 그래서 해왕성까지 여행하는 비용은 상당히 비싸
다. 태양에서 아주 멀리 떨어져 있는 해왕성은 시속 1만 9300km라는
느린 속도로 태양 주위를 돈다(지구는 시속 10만 7000km로 돈다). 그러므
로 해왕성을 가까이에서 보려고 우주선의 속도를 줄일 의향이 있다면
연료를 더 많이 가지고 가야 한다.

43억 km에 달하는 장기 여행에서 연료를 아끼려면 목성의 중력 도
움을 받는 것이 좋다. 우주선 옆으로 지나가는 행성의 중력에 잡혀 힘
껏 던져지는 경험은 우주여행에서 아주 극적이고도 강렬한 추억이 될
것이다. 목성의 중력 도움을 받는 몇 달 동안은 목성의 멋진 경치도
감상할 수 있다.

목성이 아닌 다른 행성의 중력 도움을 받을 수도 있다. 2020년부터 2070년까지 다른 행성의 중력 도움을 받을 수 있는 기회는 20여 차례밖에 없으니 너무 늦게 출발하지는 말자. 해왕성까지는 가는 데만 해도 최소한 10년은 걸리므로 돌아오는 것까지 생각해서 적어도 20년분의 짐을 싸야 한다. 검증이 되지 않아 위험하기는 하지만 최신 이온 추진 기술을 활용한 우주선을 타고 가도 된다. 이온 추진 우주선을 탄다고 해도 최소한 2년은 날아가야 하니, 당장 출발하자.

##  드디어 도착

해왕성에 가까이 가면, 순수한 파란 빛의 덩어리로 보였던 행성이 사실은 짙은 자주색 폭풍으로 가득 차 있는 곳임을 알게 될 것이다. 해왕성의 궤도에 도착하자마자 해야 할 일은 일단 우주선에서 내려서 가까운 곳으로 폭풍을 보러 가는 것이다. 해왕성의 대기 속에 있으면 지구에 있을 때보다 몸무게가 살짝 증가하지만, 오랫동안 미소중력 상태로 여행을 했기 때문에 지구와 해왕성의 무게 차이를 그다지 심하게 느끼지는 못할 것이다. 해왕성에 오면 다시 찾은 몸무게를 반기는 사람도 있지만, 아주 답답해하는 사람도 있다. 비행기를 타건 우주선을 타건 간에 해왕성에서 하늘을 날 때는 흔들리는 기체에 익숙해져야 한다. 해왕성은 태양계에서 바람이 가장 세게 부는 곳이다.

해왕성에 있으면 곧 메탄에 익숙해질 것이다. 메탄 기체가 태양 광선을 흩트려 해왕성은 짙은 파란색을 띠는데, 이 위험한 기체는 해왕성 전체 대기량의 1.5%를 차지하고 있다. 메탄이 우주복이나 숙소로 스며들어온다면 불이 날 수도 있어서 위험할 테지만, 해왕성의 대기에는 불을 붙일 산소가 거의 없기 때문에 외부에서 불이 붙는 경우는 없다.

##  해왕성에서 돌아다니려면

언제나 최고 기록을 해치우는 해왕성의 바람을 이겨내려면 정말로 튼튼한 우주선을 타야 한다. 해왕성의 적도 부근에서는 시속 1940km 의 속도로 바람이 불고, 상당히 빠르지만 일정한 속도로 움직이고 있을 때는 아주 빨리 움직이고 있다는 느낌은 들지 않는다. 바람의 속도나 방향이 바뀌어야만 움직이고 있음을 느낄 수 있다. 높은 고도에서는 바람이 약하게 분다. 낮은 고도로 내려가거나 극지방을 향할 때는 바람이 빨라진다. 천왕성처럼 해왕성에서도 두툼한 제트 기류가 분다. 해왕성의 적도를 가로지르는 제트 기류는 서쪽으로 분다.

해왕성의 대기에서 헬륨이 차지하는 비율은 19%로, 태양계의 그 어떠한 행성보다도 많은 헬륨을 지닌다. 그러나 해왕성의 대기는 대부분 헬륨보다도 가벼운 수소로 이루어져 있다. 해왕성은 중력이 약하고 대기를 이루는 기체는 가볍기 때문에 대기가 조밀하지 않아 우주선이 하늘에 떠 있기 어렵다. 따라서 따뜻한 기체를 가득 채웠거나 거의 진공에 가까울 정도로 텅 빈 거대한 우주선을 타고 돌아다녀야 한다. 다른 대안도 있다. 산소 없이도 동력을 내는 엔진만 있다면 해왕성의 하늘에 떠 있을 수 있다.

해왕성의 컴컴한 대기 속에서 움직일 때는 높은 압력을 견딜 수 있는 튼튼한 우주선을 타야 한다. 지구에서 해수면 밑으로 1000m쯤 잠수했을 때 받을 수 있는 압력이 작용하는 곳 밑으로는 내려가면 안 된다. 그보다 깊이 내려가면 우주선이 견딜 수 없을 것이다. 높은 압력을 받아 찌그러진 우주선을 처리하는 것만큼 푹 쉬려고 간 휴가를 망치는 일은 없다.

해왕성의 고리, 해왕성의 아치arc, 해왕성의 위성을 보러 갈 준비가 끝났다면 지구를 출발할 때보다 두 배는 강한 엔진을 탑재한 우주선으로 옮겨 타야 한다. 가장 가까운 위성인 나이아드Naiad 까지는 2만 3500km 정도만 날아가면 된다. 해왕성 위성계에서 가장 큰 위성인 트리톤Triton 은 해왕성에서 32만 1900km 정도 떨어져 있는데, 이는 지구와 달보다는 조금 가까운 거리이다.

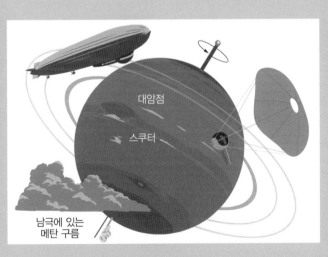

해왕성에서는 하늘색 구름, 폭풍, 암점 등을 찾아 나설 수 있다.

# ♆ 가볼 만한 곳들

## ○─ 대암점

목성의 대적점이 사람들의 시선을 몽땅 끌고 있지만 해왕성도 특유의 거대한 점을 여럿 가지고 있다. 1989년, 거의 지구만큼 부풀어 오른 대암점 Great Dark Spot 이 해왕성의 하늘을 점령했다. 해왕성의 크기를 생각해보면 목성에 있는 대적점만큼이나 큰 기류가 형성된 것이다. 지름이 1만 2900km에 달하는 짙은 파란색 대암점은 해왕성의 메탄 구름층을 열어 어둡고 깊은 행성의 내부를 드러내 보였다. 수년 동안 사라지지 않았던 해왕성의 대암점은 목성의 대적점과 달리 숨을 쉬는 거인처럼 8일 주기로 일정한 형태로 모양을 바꾸거나 길게 늘어났으며, 수축되거나 확장되기도 했다.

태양계에서 대암점처럼 행동하는 거대 폭풍은 해왕성이 아닌 곳에서는 아직까지 발견하지 못했다. 해왕성의 자전 방향과 반대 방향으로 움직이는 대암점은 시속 100km의 속력으로 서쪽으로 움직이면서 18시간마다 해왕성을 한 바퀴 돌았다. 목성 대적점의 속도는 시속 9.7km 정도였다. 대암점을 관찰한 사람들이 전해준 내용대로라면 대암점의 너비는 대적점에 들어갈 정도로 작았지만 깊이는 훨씬 깊었고 길이도 길었다. 대암점의 가장자리에는 믿음직한 동반자인 아주 긴 권운이 어김없이 있었다.

## ○─ 북반구 대암점

1989년에 관측된 대암점은 이미 오래전에 사라졌지만 운이 좋다면 해왕성의 다른 대암점을 볼 수도 있을 것이다. 해왕성의 암점들은 목성의 적점보다는 자주 생성됐다가 사라진다. 그래도 한번 생성되면 수년 동안 사라지지 않는다. 지구에서 가장 오랫동안 생존하는 허리케인도 사라지는 데 30일 정도 걸린다는 사실을 생각해보면 정말 놀랍다.

북반구 대암점은 1989년에 관측한 대암점보다는 조금 작지만, 그

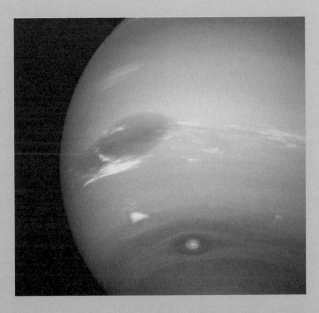

멀리서 보면 해왕성의 폭풍은 유순해 보이지만
태양계에서도 알아주는 난폭한 바람임을 명심해야 한다.
VOYAGER 2 TEAM/NASA

래도 뉴멕시코 주를 모두 덮을 정도로는 크다. 북반구 대암점의 가장
자리에는 항상 밝은 구름이 조금 모여 있다. 1980년대에 최초로 해왕
성을 찾아간 로봇 탐사선이 해왕성 사진을 지구로 전송하기 시작한
뒤로 10여 개에 달하는 대암점을 발견했다. 최근에는 미국만 한 아주
큰 대암점을 발견했다. 해왕성의 상부 대기층을 빠른 속도로 통과하
는 작고 하얀 구름, 스쿠터scooter도 찾아보자.

대암점을 보는 순간 카메라를 들어 그 모습을 찍지 않기란 불가능
하다. 하지만 그 사진을 보고 누군가 '좋아요' 누르는 걸 보려면 여덟
시간은 기다려야 한다는 걸 명심하자.

## ○─ 따뜻한 남극

해왕성의 남극은 콩을 지나치게 많이 먹은 사람처럼 계속해서 메
탄을 뿜어내고 있다. 해왕성의 남극은 다른 지역보다 15℃ 정도 높기
때문에 이곳에서는 공중에 떠 있는 고체 메탄 알갱이가 기체가 되어
빠져나간다. 이는 지금 해왕성의 남반구가 여름이기 때문에 나타나는
현상이다. 앞으로 80년 정도 지나면 북반구가 태양을 향하게 될 테고,
그때는 북극에서 메탄이 기화될 것이다.

## ○─ 베일에 싸여 있는 내부

엄청나게 압력이 높은 해왕성의 내부로 들어간 사람이 생존할 가
능성은 거의 없지만, 해왕성의 내부 모습에 관해서는 떠도는 소문이
많다. 기체로 이루어진 대기 밑에는 거대한 얼음보다도 더 놀라운 모
습이 기다린다고 한다. 거대한 액체 덩어리가 있다는 것이다. 로마의

신 중에서 바다의 신(넵튠)과 같은 이름을 가진 이 행성에는 정말로 물과 암모니아로 이루어진 대양층이 대기 밑에 압축되어 있을 것이라고 추측하는 사람들도 있다.

# ♆ 뭘 하면 좋을까?

## ○─ 해왕성의 고리와 아치 관찰하기

초기 천문학자들이 해왕성의 고리에 '갈레, 르베리어, 라셀, 아라고, 애덤스'와 같은 이름을 붙인 이유는 해왕성의 파란빛을 듬뿍 쐬는 사람들을 상상했기 때문은 아닐까 하는 생각을 하면서 해왕성의 아치와 고리들을 가까운 곳에서 감상해보자. 해왕성의 고리는 물이 언 얼음과 먼지가 섞인 짙은 붉은색 입자로 이루어져 있다. 해왕성의 고리들이 가야 할 길을 안내하는 목동은 해왕성의 작은 내부 위성들이다. 해왕성의 적도를 돌고 있는 이름 없는 고리도 있다. 성긴 고리들과 함께 완벽한 고리를 이루지는 못한 아치들도 해왕성 주위를 돌고 있는데, 아치가 완벽한 고리가 되지 못하고 커다란 틈이 생긴 이유는 가까이 있는 위성이 아치의 입자들을 끌어당기기 때문이다.

## ○─ 안개와 구름 속을 거닐기

해왕성을 천천히 쳐다보고 있으면 구름 한 점 없는 맑은 성층권 밑으로 대류권이 있음을 확인할 수 있다. 대류권은 천천히 움직이는 두툼한 구름으로 가득 차 있다. 붐비는 지구 도시 위를 뒤덮는 스모그처럼 불쾌하긴 해도 해왕성의 대기를 가득 메우고 있는 메탄 안개는 사람의 활동 때문에 생긴 오염 물질이 아니라 100% 자연이 만든 것이다.

구름을 사랑하는 사람들은 지구 하늘에 떠 있는 구름과 해왕성 하늘에 떠 있는 구름이 생성되는 원리를 비교하면서 즐길 수도 있을 것이다. 메탄 구름은 지구 하늘 높은 곳에서 성기게 떠 있는 권운과 아주 비슷해 보이지만 사실은 무시무시한 속도로 움직이는 고체 메탄 결정으로 이루어져 있다. 렌즈처럼 생긴 렌즈구름lenticular cloud이 만드는 구름층도 사진 찍기 딱 좋은 웅장한 광경을 연출한다.

메탄 구름은 구름이 띤 푸른색으로 알아볼 수 있다. 얇고 성긴 메탄 구름층은 지구 해수면의 압력과 동일한 대기압이 작용하는(기압이 1bar인) 높이 바로 밑에 있다. 메탄 구름층 밑으로는 조밀한 황화수소 구름과 암모니아 구름이 있다. 지구의 대양 속으로 500m쯤 내려간 곳에서 작용하는 압력과 비슷한 압력이 작용하는 4bar의 높이에서는 수증기로 만들어진 구름이 떠 있다.

## ○─ 포착하기 힘든 오로라 찾아다니기

해왕성을 여행하는 사람이 나침반을 챙긴다고 할 때 누가 말리겠느냐마는, 사실 나침반이 도움이 될 것이라고 생각하면 안 된다. 해왕성의 자기장은 아주 강하지만, 지구의 자기장과는 사뭇 다르다. 해왕성의 표면에 작용하는 자기장은 지구인에게 익숙한 자기장보다 훨씬 더 복잡하다. 해왕성의 자기장은 해왕성 내부 깊숙한 곳에 있는 금속 수소 때문에 생성된다고 추정된다. 해왕성의 내부 상태는 다른 거대 기체 행성의 내부와 비슷하다. 압력이 아주 높기 때문에 기체 행성의 내부에서는 수소가 분자 상태가 아니라 금속 상태로 존재한다. 그렇기 때문에 전자가 자유롭게 움직이면서 우주선 항법 장치에 영향을 미친다.

해왕성의 자기장 방향은 해왕성의 자전축이 가리키는 양극 방향과 일치하지 않는다. 해왕성의 자기장은 자전축에서 47° 기울어진 채로 태양을 향하고 있다. 이런 상황을 지구에 비유하면 지구 자기장이 가리키는 북극은 지구 자전축이 지정한 북극보다 훨씬 남쪽에 있는 뉴욕이나 로마, 베이징에 있다는 뜻이다. 해왕성의 자기장은 지구처럼 중심부를 통과하지 않고, 중심에서 벗어나 있으며, 행동을 예측하기도 어렵다. 방향을 찾겠다고 가져간 나침반의 바늘이 정신없이 흔들리는 모습을 보면, 분명히 외계 행성의 버뮤다 삼각 지대에 와 있다는 느낌이 들 것이다(실제로도 그렇고 말이다).

해왕성의 기이한 자기장은 포착하기 힘든 분홍색 오로라를 훨씬 더 오싹하게 만든다. 해왕성의 자기장처럼 오로라도 이리저리 비틀려 있다. 따라서 예측할 수 없는 경로로 행성을 떠돌아다니기 때문에 찾아내기가 쉽지 않다.

## ○─ 번개 주파수 맞추기

휴대용 라디오를 가지고 해왕성의 주파수를 잡아보자. 해왕성은 6kHz(킬로헤르츠)에서 12kHz 사이의 주파수가 낮은 전파를 발산한다. 주파수의 강도는 자전하는 동안 바뀌는데, 어떤 날은 특히 전파가 잘 잡힌다.

해왕성에서 치는 번개의 세기는 지구에서 치는 번개의 세기와 비슷하다. 번개가 칠 때면 라디오 수신기에 휘파람 소리 같은 저주파 음이 잡힌다. 번개가 치는 순간 아주 강하고 높게 '삐' 하는 소리가 들리지만, 번개가 친 뒤에는 이 소리가 점차 낮아진다. 번개는 한 시간에 100번 정도 치기 때문에 제대로 연습만 하면 번개가 내는 소리를 잡아낼 수 있다.

# ⚇ 근처에는 뭐가 있을까?

　해왕성의 위성은 14개이다. 대부분은 암석 위성인데, 가장 큰 위성도 지름이 수백 km에 불과하다. 사실 위성 가운데 절반 정도는 위성이라고 할 수도 없다. 해왕성 옆을 지나가다가 해왕성의 중력에 잡혔거나 깨진 천체 조각으로, 해왕성에서 수백만 km 떨어진 곳을 돌고 있기 때문에, 해왕성 주위를 한 번 도는 데만도 수년이 걸린다. 이런 반쪽 위성들은 무시해도 된다. 사실 해왕성에 왔다가 그렇게까지 멀리 가는 관광객은 없다.

　해왕성 가까이에 있고, 위성의 정의에 합당하게 들어맞는 내부 위성만 둘러보자. 해왕성에서 수만 km만 날아가면 탐험할 가치가 있는 위성에 닿을 수 있다. 내부 위성에서 전망이 좋은 자리를 찾아 서 있으면 해왕성의 희미한 고리들을 제대로 관찰할 수 있다.

## ○─ 트리톤

　해왕성의 위성 가운데 가장 큰 것은 트리톤이다. 깨끗하고 신선한 질소가 있고 메탄 눈이 가볍게 흩날리는 트리톤은 질소, 메탄, 고체 일산화탄소로 덮여 있는 경이로운 겨울 왕국이다. 시간이 흐르면서 얼음이 구덩이와 협곡을 막아 평평하게 만들어버렸기 때문에 트리톤에서는 가파른 절벽이나 산맥, 깊은 협곡에서 헤맬 걱정은 하지 않아도 된다.

지름이 2575km 정도밖에 되지 않는 트리톤은 목성의 갈릴레이 위성들, 토성의 타이탄, 지구의 달에 이어 태양계에서는 일곱 번째로 큰 위성이다. 태양계에서는 모행성의 자전 방향과 유일하게 반대 방향으로 공전하는 거대 위성이기 때문에 원래 해왕성에 속했던 천체라기보다는 외부에서 유입된 천체라고 추정하고 있다. 현재 행성 주위를 도는 위성들은 대부분 행성이 돌기 시작했을 무렵에 함께 생성됐지만, 트리톤 같은 위성은 행성 가까이 지나다가 우연히 행성에게 잡혔을 것이다. 다시 말해서 트리톤은 다른 목적지가 있었지만 도중에 해왕성의 중력에 잡혀 해왕성 주위를 빙글빙글 돌게 됐으리라고 추정하고 있다.

　일단 해왕성에게 잡힌 뒤로 트리톤은 주위에 있던 작은 위성을 모두 쓸어버렸다. 앞으로 35억 년쯤 지나면 트리톤은 해왕성의 중력 때문에 완전히 파괴되고, 토성의 유명한 고리들보다 훨씬 밝은 고리가 될 것이다. 해왕성을 찾는 관광객들이 그때까지 머물면서 트리톤이 고리로 변하는 모습을 지켜볼 수 있기를 기원한다!

　트리톤을 방문한 사람들은 트리톤이 다른 위성보다 훨씬 밝고 훨씬 많은 빛을 반사하며 아주 춥다는 사실을 알게 된다. 언제나 변함 없으리라고 예측할 수 있는 트리톤의 기온은 늘 영하 수백 ℃를 기록한다. 바람은 그렇게 나쁘지 않다. 서쪽으로 부는 바람의 속도는 시속 17km 정도이기 때문에 바람 때문에 체온이 떨어질 걱정은 하지 않아도 된다. 트리톤은 구름이 없는 대신 안개가 자욱하게 깔려 있다. 지면을 밟으면 흙이 섞인 두툼한 얼음층을 덮고 있는 작은 얼음덩어리들이 깨지면서 으드득 소리를 낼 것이다. 대기는 아주 희박하다. 희박

한 대기를 99%가량 차지하고 있는 기체는 질소이고, 메탄과 일산화
탄소가 조금 섞여 있다. 열권에서는 대기광이라고 하는 기이한 불빛
이 번쩍인다. 대기광은 자외선이 해왕성의 자기권에 있는 전하를 띤
입자와 반응하면서 생성되는데, 그와 반대로 해왕성의 자기권은 태양
에서 불어오는 전하를 띤 입자가 해왕성의 자기장과 반응하면서 생성
된다.

대기는 희박하지만 유성이 생길 만큼은 존재한다. 트리톤의 지표면
에서 보는 유성은 정말로 아름답고 밝다. 운이 좋다면 하늘에서 지표
면까지 길게 떨어지는 유성을 관찰할 수도 있다.

트리톤은 대기가 있고 자전축은 기울어져 있기 때문에 날씨와 계
절이 생긴다. 하지만 트리톤과 해왕성은 자전축의 기울기가 다르기

때문에 트리톤의 날씨와 계절은 해왕성과 같지 않다. 트리톤의 계절은 길며, 해왕성의 계절과 뚜렷한 차이가 있다. 트리톤의 계절은 해왕성의 계절보다 훨씬 더 극단적일 때도 있고 덜 극단적일 때도 있다. 트리톤에서 느끼는 뜨거움과 차가움이라는 개념은 그곳을 방문한 사람의 마음에 따라 달라진다. 트리톤은 아주 뜨거운 여름날에도 평균 기온이 -233℃ 정도이다.

너무 오랫동안 여행을 해서 신선한 과일이 그리워질 수도 있다. 그렇다면 트리톤의 캔털루프 지형 cantaloupe terrain (캔털루프는 멜론의 일종-옮긴이)을 제일 잘 볼 수 있는 부뱀베 지역 Bubembe region 이라도 가보자. 엔켈라두스의 호랑이 줄무늬를 떠올리게 하는 비틀린 설커스를 따라 거닐어도 좋을 것이다. 폭이 16km나 되는 이 설커스는 수백 km로 뻗어 있다. 경사는 휠체어 경사로처럼 완만하다. 남쪽에 있는 보인 설커스 Boynne sulcus 와 북쪽에 있는 슬리드르 설커스 Slidr sulcus 가 가장 가볼 만하다.

부뱀베 지역 동쪽에는 심하게 움푹 파인 지형이 있는데, 마치 수성에 와 있는 것 같은 기분을 느끼게 하는 이곳은 모나드 지역 Monad region 이다. 모나드 지역에 가면 진 Zin 과 아쿠파라 Akupara 라고 하는 버섯처럼 생긴 기이한 지형을 찾아보자.

루아흐 Ruach 평원과 투오넬라 Tuonela 평원은 높이가 수십 m에 달하는 벽에 둘러싸여 있다. 두 평원은 구덩이가 조금 있고, 크레이터가 한두 개 있는 것만 빼면 아주 평평하다. 진창 같은 살얼음이 표면을 덮고 있으니 두 평원을 돌아보려면 무릎까지 오는 장화를 신어야 한다.

남극 가까이 있는 울랑가Uhlanga 지역은 분홍색 관으로 덮여 있다. 분홍색 관의 가장자리가 진한 붉은색인 이유는 아마도 자외선이 메탄과 반응하기 때문일 것이다. 아주 작은 고체 메탄 결정은 대기로 들어오는 태양 광선을 널리 퍼트린다. 이곳은 영원히 한여름이 계속된다. 지구의 밤보다 훨씬 캄캄하지만 그래도 100년 이상 햇빛을 받고 있는 지역이다.

고체 질소 간헐천은 트리톤에서 가장 멋진 관광 명소 가운데 한 곳이다. 고체 질소 간헐천에 질소를 공급하는 곳은 지표면에서 수십 m 아래 있는 액체 질소 층이다. 트리톤은 질소도 얼어버릴 만큼 추운 곳이지만 지하 세계는 압력이 높아서 질소가 녹는다. 압력이 평소 대기압의 10분의 1 수준으로 떨어지면 지하에 녹아 있던 질소가 간헐천의 통로를 타고 시속 480km가 넘는 속도로 올라와 수 km 상공으로 솟구친다. 줄루 신화에 나오는 물의 요정 힐리Hili 와 통가의 물의 정령 마힐라니Mahilani 의 이름을 딴 간헐천 지역에 가면 하늘로 올라가는 고체 질소를 구경할 수 있다. 적도에서 남쪽으로 50° 정도 내려간 곳에 있는 이 간헐천 지역에는 이 두 간헐천 외에도 다른 간헐천이 적어도 두 개는 더 있다. 남반구에는 어두운 점 같은 지형이 100여 곳 있는데 모두 한때 간헐천이었던 곳의 흔적으로, 너비가 몇 km인 곳부터 수십 km에 이르는 곳까지 다양하다.

## ○— 네레이드

네레이드Nereid 는 해왕성에서 세 번째로 큰 위성으로 아주 독특한 궤도로 돈다. 네레이드는 길쭉한 타원형 궤도로 돌기 때문에 해왕성과 가장 가까이 있을 때는 거리가 137만 km 정도 되고 가장 멀리 떨어져 있을 때는 966만 km 정도 된다. 구형인 이 위성은 아주 추운 곳으로 해왕성을 한 바퀴 도는 데 360일이 걸린다.

## ○─ 프로테우스

오래전에 다른 천체와 거의 깨질 정도로 충돌한 프로테우스Proteus 에는 폭이 240km에 달하는 거대한 분지가 생겼다. 분지 옆에는 너비가 80km쯤 되는 크레이터도 있다. 둥글지 않은 이 위성은 사실 위성이라기보다는 쪼개진 파편에 가깝다. 프로테우스의 남반구에는 파로스Pharos 라는 또 다른 함몰 지형이 있다. 폭이 258km에 달하는 이 함몰 지형의 둘레에는 높은 벽이 있고, 가장자리에서 9.7km 정도 떨어진 곳에는 평평한 바닥이 있다. 프로테우스의 전체 폭이 400km가 조금 넘는 것으로 보아, 이 괴상하게 생긴 위성은 과거에 다른 천체와 충돌해 거의 파괴되어버린 것이 분명하다.

전에는 행성이라고 불렸던 천체, 명왕성은 태양계에서 가장 사랑스러운 (논란의 여지도 많은) 우주 휴가 장소이다. 명왕성은 행성의 이름을 쭉 나열할 때 함께 불리는 영광은 잃었지만 여전히 (그리고 앞으로도 늘) 가장 고독한 장소에서 쉬고 싶은 사람들이 찾는 단기 휴가지로 인기를 끌 것이다. 1930년에 천문학자 클라이드 톰보 Clyde Tombaugh 가 발견한 이 얼음덩어리 천체는 수 세대 동안 사람들의 상상력을 사로잡았다. 명왕성에 이름을 준 로마의 지하 세계 신(플루토 Pluto)이 지옥의 신이기도 하다는 점을 생각해보면, 명왕성은 정말로 그 이름에 걸맞은 냉혹한 곳이다.

당신이 이 세상에서 최고로 평범한 사람이라면, 언제나 명왕성에 가보기를 꿈꾸지만 대다수의 사람들처럼 절대로 가보지는 못했을 것이다. 가끔은 지구에서 80억 km까지 멀어지기도 하는 유령 같은 카이퍼대 Kuiper Belt 의 일원인 이 조그만 얼음 암석 천체는 지구의 달보다도 작지만 태양계의 끝이 시작됐음을 알리는 표지이다. 관광객들은 분명히 분홍색을 띤 거친 산맥들, 짙은 파란색 하늘, 유명한 톰보 지역, 하트 모양을 한 매력적인 거대한 얼음 평원에 매혹될 것이다. 명왕성의 한 계절은 이 천체가 태양과는 지독하게 멀리 떨어져 있음을 감안한다고 해도 너무하다 싶을 정도로 긴 시간 동안 지속된다. 수백 년이라는 명왕성의 한 계절 동안 명왕성의 표면 위로는 얼음과 질소 빙하가 아주 느린 속도로 떠다닌다. 크레이터, 구덩이로 가득한 지형, 수 km 높이로 치솟은 산맥들은 탐험가들에게 엄청난 즐거움을 선사해줄 것이다. 몸무게가 지구의 달에서 재는 것의 절반도 되지 않게 줄어들 정도로 중력이 약하기 때문에 얼어붙은 들판 위를 깃털처럼 미끄러져 나갈 수도 있다.

냉혹한 얼음덩어리 천체
**명왕성**

**Pluto**

# 한눈에 살펴보는 명왕성♀정보

지름: 지구 지름의 20%

질량: 지구의 0.2%

색: 복숭아색, 회색, 짙은 적갈색

공전 속도: 시속 1만 6900km

중력이 끄는 힘: 몸무게가 68kg인 사람이 명왕성에 가면 4.3kg이 된다.

대기 상태: 질소, 메탄, 일산화탄소가 아주 조금 있다.

주요 구성 물질: 암석 70%, 얼음 30%

행성 고리: 없다.

위성: 5개

평균 기온: −223℃

하루의 길이: 153시간

1년의 길이: 지구 시간으로 248년

태양과의 평균 거리: 59억 km

지구와의 평균 거리: 42억 8100만~75억 3200만 km

편도 여행 시간: 근접 통과까지 9.5년 소요

지구로 보낸 문자 도달 시간: 238~418분 소요

계절: 길고 강렬하다.

날씨: 춥다.

태양 광선의 세기: 지구 일사량의 0.04~0.1%로 아주 적다.

특징: 하트처럼 생긴 톰보 지역

추천 여행자: 최상의 고독, 진정한 얼음 왕국을 추구하는 사람

# 명왕성에 가보기로 결심했다면 ♀

 **날씨를 알아두자**

　명왕성은 외부 태양계라는 기준을 적용해도 지나칠 정도로 춥다. 봄, 여름, 가을, 겨울 할 것 없이 기온은 영혼까지 얼어붙을 -218℃에서 -240℃ 정도를 맴돈다. 땀이 피부를 식히는 것처럼 지표면을 덮고 있는 고체 질소와 얼음이 발산하는 기체 때문에 명왕성의 온도는 더욱 낮아진다. 단열이 되는 우주복을 입지 않는다면 무엇이든 만지는 즉시 기체로 바뀐다. 이런 환경에서는 동상에 걸리기 쉬운데 특히 지면에 열을 뺏기는 발가락이 가장 위험하다.

　얼음 표면이 발산하는 질소, 메탄, 일산화탄소가 아주 희박한 대기를 형성하고 있는 명왕성에서는 낮이 돼도 혹은 지구 시간으로 6일이나 되는 하루가 지나도 날씨는 변하지 않는다. 명왕성 대기압의 농도는 지구 대기압 농도의 10만 분의 1밖에 되지 않으며, 눈을 가늘게 뜨면 어두운 하늘을 가로지르며 희미하게 빛나는 선들을 볼 수 있다. 눈보라에 휩싸이거나 강풍을 느낄 수는 없겠지만 낮게 떠 있는 성긴 구름은 볼 수 있다. 명왕성은 248년 만에 한 번씩 태양의 주위를 돌기 때문에 명왕성의 한 계절은 사람의 수명을 대부분 차지할 만큼 길다. 옆으로 긴 타원을 그리며 공전하기 때문에 태양에서 가장 멀리 있을 때의 거리는 태양에서 가장 가까울 때 거리의 두 배에 달한다. 자전축이 120° 기울어져 있기 때문에 정식으로 행성임을 인정받은 다른 천체들과 비교하면 거의 누운 상태로 공전하고 있다고 할 수 있다. 그때문에 태양의 반대쪽을 보고 있는 지표면은 한번 어둠이 깔리면 지구 시간으로 수백 년 동안은 빛을 보지 못하고 지내야 한다. 명왕성은 태양에서 멀리 떨어져 있고 지표면은 그늘져 있기 때문에 옅은 대기는 대부분 단단하게 얼어 있고 지표면은 서리로 덮여 있는 모습을 볼 수 있다. 명왕성에서는 태양계에서 가장 길고 춥고 어두운 겨울을 나야 한다. 그와는 반대로 태양이 비추는 곳은 수 세기 동안 여름이다. 물론 일광욕 따위는 할 수 없겠지만 말이다.

너무나 추워서 대부분 깨닫지 못하지만, 사실 명왕성에도 대기에 들어 있는 메탄 때문에 온실 효과가 나타난다. 물론 온실 효과가 나타난다고 해도 불편할 정도로 춥다는 사실은 변함이 없지만, 명왕성의 환경에 익숙해진 사람이라면 설령 아주 작은 차이라고 해도 분명히 크게 느낄 것이다.

##  언제 가야 좋을까?

명왕성은 아주 긴 공전 궤도를 그리며 태양 주위를 돌기 때문에 명왕성이 태양에 가장 가까워졌을 때 가는 것이 좋다. 명왕성의 입장에서 보면 지구의 궤도는 태양 옆에 바짝 붙어 있는 것과 같기 때문에 명왕성이 태양에 가장 가까울 때가 지구와도 제일 가까울 때이다. 두 천체의 거리가 가장 가까웠던 1989년에 지구를 출발하지 못한 사람은 2237년에 출발하는 우주선을 기다려야 한다. 그러니 이 책을 읽는 독자들은 7대손 손주를 위해 명왕성 티켓을 구입해두면 된다. 아무리

빨리 가는 경로를 택해도 명왕성까지 가는 데는 10년이 넘게 걸리고 갔다가 돌아오려면 최소한 20년은 있어야 한다. 그러니 되도록 어린 나이에 가서 중년이 되기 전에 돌아오자. 물론 은퇴한 다음에 출발해도 된다. 그러면 지구에서 겪어야 하는 모든 문제를 뒤로 남겨두고 남은 생애를 왜소행성의 차가운 평원을 거닐면서 보낼 수 있다. 언제 출발하든 우주복과 함께 가장 따뜻한 옷을 챙겨야 한다. 명왕성은 언제 가든지 지구에서 가장 추운 장소에서 겨울을 나는 것보다도 훨씬 추울 것이다.

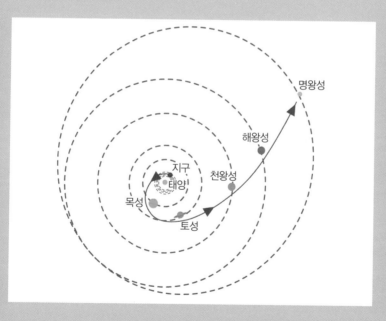

명왕성은 멀리 있지만 명왕성까지 날아가는 동안 여러 행성에서
중력 도움을 받을 수 있다.

# 출발할 때 유의할 점

명왕성에 착륙할 생각만 아니라면 명왕성에는 훨씬 빨리 갈 수 있다. 명왕성을 가까운 거리에서 지나쳐 갈 생각이라면 화학 연료 우주선을 탔을 경우 어떤 경로를 택하느냐, 그리고 명왕성이 지구에서 얼마나 멀리 있느냐에 따라 짧게는 8년, 길게는 20년이면 명왕성에 접근할 수 있다. 명왕성을 지나쳐 그 뒤에 있는 거대한 얼음 암석들이 있는 곳으로 날아가는 동안 관광객들은 재빨리 명왕성의 사진을 몇 장 정도는 찍을 수 있을 것이다. 단순히 근접 비행으로 만족하지 못하고 직접 명왕성에 내려서 탐사해보겠다는 계획을 세우면 일은 훨씬 복잡해진다. 명왕성은 지구보다 훨씬 느린 시속 1만 6800km 정도의 속도로 공전하고 있기 때문에 명왕성에 착륙하려고 우주선의 속도를 늦추려면 많은 에너지를 사용해야 한다.

호만 전이 궤도는 태양을 도는 공전 궤도가 짧은 내부 행성에 갈 때 유용하게 쓰인다. 하지만 명왕성으로 갈 때 이 단순한 타원 궤도를 택하면, 명왕성의 1년은 아주 길기 때문에 목적지까지 가는 데 수십 년이 걸릴 수도 있다. 목성의 중력 도움을 받으면 몇 년 정도 여행 시간을 줄일 수도 있을 테지만 현실은 냉정하게 파악해야 한다. 원자력 우주선이 아니라면 명왕성까지 가는 여행은 오래 걸릴 수밖에 없다. 태양광 에너지는 잊어라. 명왕성처럼 멀리 있는 곳으로 갈 때는 태양 광선은 전혀 소용없으니까. 여행 기간이 워낙 길기 때문에 명왕성에 영구 정착하는 것도 생각해보는 게 좋겠다.

명왕성에서 가장 유명한 경관을 자랑하는 밝은 하트 모양의 스푸트니크 평원
NASA/JOHNS HOPKINS U. APPLIED PHYSICS LABORATORY/SWRI

 드디어 도착

명왕성이 점점 더 가깝게 보이기 시작하면 명왕성의 유명한 하트 지형을 비롯해 지표면의 어두운 부분과 밝은 부분이 선명하게 드러날 것이다. 또한 명왕성의 위성 샤론Charon 과 샤론의 지표면 위에 깊이 새겨진 상처도 뚜렷하게 보일 것이다.

그토록 오랜 시간 동안 조그만 우주선에 갇혀 있다가 명왕성에 도착했다는 사실은 그야말로 굉장한 사건일 것이다. 어쩌면 안락한 우주선에서 나오기를 주저하는 사람도 있을지 모른다. 어쨌든 마침내 결심을 하고 우주선 밖으로 나오면 냉랭한 겨울 환경이 펼쳐져 있을 것이다.

차가운 온도와 사실상 없는 것과 다름없는 적은 공기가 만든 수정처럼 맑은 하늘 덕분에 명왕성에서는 밤은 물론이고 낮에도 수많은 별을 볼 수 있다. 명왕성 하늘에서 볼 수 있는 가장 밝은 별은 당연히 계절에 상관없이 태양이다. 명왕성에서 보는 태양은 지구에서 보는 보름달보다 수백 배는 더 밝다. 명왕성이 태양 주위를 도는 동안 태양 가까이에 다가가기 때문에 하늘에서 보이는 태양이 점점 더 밝아지는 시기가 있다. 태양에 가장 가까울 때 명왕성의 하늘에 떠 있는 태양은 태양에서 가장 멀 때보다 네 배는 더 밝다. 태양이 보이는 지평선의 하늘은 짙은 파란색인데, 위로 시선을 돌릴수록 파란색은 희미해지고 결국은 완전히 시커메진다. 명왕성에서는 일몰도 초자연적인 현상처럼 보인다. 명왕성의 하루는 지구의 하루보다 여섯 배나 길기 때문에 일몰도 몇 시간 동안 지속된다. 태양이 지평선 밑으로 내려간 직후에는 파란 광선이 사방으로 뻗어나간다.

명왕성에 도착하면 잊지 말고 친구와 가족에게 문자를 보내자. 명왕성에서 지구로 문자를 보낼 때는 인내심이 필요하다. 명왕성은 타원 궤도로 태양 주위를 돌기 때문에 지구에 있는 사람과 문자를 주고받는 데 걸리는 시간이 정규 행성보다 훨씬 종잡을 수 없다. 도착했을 때 명왕성이 어느 지점에 있느냐에 따라 지구로 보낸 문자의 답장을 받기까지는 세 시간도 걸리고 일곱 시간도 걸린다. 향수병에 시달린다면 아주 강력한 망원경으로 지구를 보자. 빛이 여행하는 데는 시간이 걸리므로 망원경으로 들여다보면 몇 시간 전에 지구에서 벌어진 일을 구경할 수 있다. 과거를 보는 망원경을 통해서 말이다.

**명왕성에서 돌아다니려면**

　명왕성에서 먼 거리를 이동하려면 삐죽삐죽한 얼음 위를 달릴 수 있는 튼튼한 로버가 필요하다. 도무지 신뢰할 수 없는 지면을 여행하는 데는 호퍼도 유용하다. 저중력 상태인 명왕성에서는 호퍼를 타면 먼 곳까지 이동할 수 있다. 대기도 희박해 공기의 저항은 거의 생기지 않는다. 하늘을 둘러볼 생각이라면 비행기는 소용없다. 우주선을 타고 날아야 한다.

　명왕성처럼 얼음으로 둘러싸인 관광지에서는 호버도 관광객이 선택할 수 있는 독특한 운송 수단이 될 수 있다. 내부 압력을 조절하는 기능이 있는 호버에서는 열기가 발생하는데, 이 열기를 밑으로 빼면 지표면을 덮고 있는 얼음이 데워지고, 얼음이 기화된 수증기가 완충 장치 역할을 해준다. 그 덕분에 호버는 거의 마찰력을 받지 않고 매끈한 평원 위를 달릴 수 있다.

　명왕성에서 명왕성 주위를 도는 작은 위성으로 건너가는 일은 어렵지 않다. 중력이 약하고 대기도 없는 명왕성에서는 연료를 많이 사용하지 않아도 위성으로 갈 수 있다. 시속 4350km 정도로만 속력을 낼 수 있으면 명왕성 밖으로 나갈 수 있다. 가까이 있는 샤론까지는 지구를 반 바퀴 도는 정도만 날아가면 된다. 명왕성에서 샤론까지는 1만 9000km 정도 떨어져 있기 때문에 일반적으로 지구에서 이륙하는 속도로 날아간다면 한 시간 안에 도착할 수 있다.

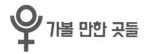

## ○─ 톰보 지역(톰보 레지오 Tombaugh Regio )

명왕성으로 휴가를 떠난 사람들은 누구나 밝은 하트처럼 생긴 유
명한 평원을 보려고 톰보 지역으로 간다. 스푸트니크 평원(스푸트니크
플라눔 Sputnik Planum )이라고 알려진, 서쪽에 있는 얼음 함몰 지형은 깊이
는 수 km에 달하고 폭은 800km에 이른다. 몹시 건조한 사막에서는
모래가 움푹 꺼져 커다란 구덩이가 생길 수 있는 것처럼 스푸트니크
평원에도 얼음이 갈라져 생긴 커다란 틈이 있을지 모르니, 굴러떨어
지지 않도록 조심해야 한다. 하트처럼 생긴 이 평원은 가장 윗부분에
있는 고체 질소가 차가운 용암처럼 느리게 회전하면서 만들어졌으리
라고 추정하고 있다. 물로 된 얼음은 고체 질소보다 밀도가 작기 때문
에 가끔은 얼음덩어리가 고체 질소 위로 올라와 단단한 질소 바다 위
에 떠 있는 빙하처럼 보일 때도 있다. 톰보 지역을 탐사하는 동안 울

왼쪽은 알-이드리시 얼음 산맥이고 오른쪽은 스푸트니크 평원이다.
NASA/JOHNS HOPKINS U. APPLIED PHYSICS LABORATORY/SWRI

퉁불퉁한 구덩이, 밝은 평원, 홀로 떨어져 있는 언덕 같은 독특한 지형을 수도 없이 보게 될 것이다.

## ○─ 알-이드리시 산맥

하트 지형의 왼쪽 볼록한 부분 너머로는 마구 뻗어 있는 산맥이 어렴풋이 보일 것이다. 빙벽 등반을 하는 사람들은 지구에 있는 로키 산맥만큼이나 높은 이 산맥을 정말로 좋아한다. 기분 좋은 분홍색을 띠고 있고 정상에는 흰 눈이 쌓여 있는 알-이드리시 산맥은 얼음으로 되어 있다. 흙이 눈에 섞인 것처럼 메탄이 순백색 눈에 섞여 분홍색을 더한다. 안타깝게도 명왕성에서 내리는 눈은 얼어붙은 메탄이기 때문에 녹여서 마실 수 없다. 명왕성에는 '눈이 분홍색이면 마시지 마라'라는 격언이 있다. 이곳의 봉우리들 사이에는 얼어붙은 질소가 빙하가 되어 흘러 다닌다. 지구 공기는 대부분 기체 질소로 이루어져 있다. 그러니 자세히 살펴보자. 지구에서 공기가 얼면 그렇게 될 테니까.

## ○─ 힐러리 산맥과 노르가이 산맥

스푸트니크 평원에서 남서쪽으로 내려가면 힐러리 산맥(힐러리 몬테스Hillary Montes)과 노르가이 산맥(노르가이 몬테스Norgay Montes)이 있다. 세계 최초로 에베레스트 산을 등반한 에드먼드 힐러리Edmund Hillary(1919~2008)와 텐징 노르가이Tenzing Norgay(1914~1986)의 이름을 붙인 산맥들이다. 하지만 이 산맥들은 에베레스트 산이 있는 히말라야 산맥만큼 높지는 않다. 노르가이 산맥에서 가장 큰 산은 기저에서 정상까지의 높이가 3351m쯤 된다. 노르가이와 힐러리가 등반한 에베레스트 정상은 높이가 8850m이고, 베이스캠프에서 정상까지의 높이는 4570m 정도이다. 하지만 1953년에 영국인과 네팔인이 이룩한 업적에 미치지 못한다고 실망할 이유는 없다. 이미 당신은 44억 km라는 엄청난 거리를 날아왔으니까.

## ○─ 브래스 너클스

크툴루 지역과 명왕성의 하트 사이에는 황동 너클 위에 뚫린 손가락 구멍처럼 점이 쭉 늘어서 있는 어둡고 광대한 지역이 있다. 각 점

당신이 좋아하는 이 왜소행성은 얼음으로 가득 차 있어서
계절에 상관없이 겨울 활동을 즐길 수 있는 곳이다.

은 중국 신화에서 이승에서의 삶을 모두 망각하게 만드는 여신 명파孟婆의 이름을 딴 멩포, 《반지의 제왕The Lord of the Rings》에 등장하는 중간계의 괴물 발록, 만다이교의 전승에 나오는 이louse를 닮은 지하세계의 왕 크룬처럼 모두 신화에 나오는 이름을 가지고 있다.

## ○─ 크툴루 지역

H. P. 러브크래프트의 소설에 나오는 거대한 문어를 닮은 괴물의 이름을 딴 크툴루 지역(크툴루 레지오Cthulhu Regio)은 사실 문어라기보다는 거대한 고래처럼 생겼다.

크툴루 지역에 가면 시커먼 흙이 덮여 있는 얼음 위를 걸을 수 있는데, 이 시커먼 흙은 탄소가 많이 들어 있는 톨린tholin이다. 명왕성의 고지대는 얼음으로 덮인 스푸트니크 평원보다 훨씬 오래된 지형이기 때문에 시간이 남긴 상처(크레이터)가 훨씬 많다. 고지대의 수수께끼를 풀어나가는 동안 충분히 재미를 느낄 수 있을 것이다. 기이하고 밝은 얼음 고리인 엘리엇 크레이터Elliot crater는 폭이 90km에 이른다. 엘리엇 크레이터의 고리 위에 서 있으면 얼음 해자를 두른 성처럼 3.2km 높이로 솟아 있는 중앙 봉우리를 볼 수 있다.

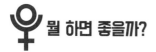 뭘 하면 좋을까?

### ○─ 스키

평온하게 리조트를 즐기는 휴가가 아닌 좀 더 짜릿한 경험을 해보고 싶다면 지구의 블랙다이아몬드(스키를 타기 힘들 경사로-옮긴이)만큼 힘든 명왕성의 오지에서 스키를 타보자. 스키에서 나는 열은 증기층을 형성하고, 이 증기층은 눈과 함께 스키의 마찰력을 줄여준다. 명왕성에서 가루를 찾을 가능성이 아주 높은 메탄 관에서는 스키를 더욱 쉽게 탈 수 있다. 지구 질량의 6분의 1밖에 되지 않기 때문에 명왕성에서는 지표면에서 받는 중력도 약해서 7m 이상 점프한 뒤에 부드럽게 착지할 수 있다. 명왕성의 오지에는 훌쩍 뛰어넘을 수 있는 지형이 많다. 저중력 상태에서는 재빨리 속력을 높일 수 없기 때문에 속도광들은 인내심을 발휘해야 한다. 충분히 긴 거리를 하강한다면 명왕성에는 공기의 저항이 없기 때문에 결국 숨이 막힐 정도로 굉장한 속도에 도달할 것이다. 어쩌면 공기를 잡을 수도 있다('높이 점프한다catch air'라는 영어 표현을 직역한 것-옮긴이). 물론 기술적으로 말해서 명왕성에는 붙잡을 공기가 없지만 말이다.

### ○─ 아이스 스케이트

바위 위에서 스케이트를 타본 적이 있는지? 명왕성은 -240℃에 이르는 초저온 환경이 펼쳐지는 곳이기 때문에 물이 언 얼음 위에서 스케이트를 타는 것은 암석 위에서 스케이트를 타는 것과 비슷할 것이다. 그러니 물보다는 어는점이 훨씬 낮은 고체 질소 링크에서 스케이트를 타는 게 더 나은 선택이다. 질소의 어는점은 -210℃로 명왕성의 온화한 기온과 거의 비슷하다. 고체 질소 위에서 스케이트를 타려면 익숙해질 시간이 필요하다. 지구에서 스케이트를 탈 때 스케이트는 액체층 위를 미끄러지며 나아간다. 하지만 명왕성에서는 고체 질소를 녹여 기체로 만들어야만 매끄럽게 탈 수 있으므로 날에서 열이 나는 스케이트 신발을 신어야 한다.

## ○─ 등산

명왕성의 분홍색 산맥에는 아주 오르기 힘들어 보이는 절벽이 있는데, 사실 중력이 아주 약하기 때문에 놀라울 정도로 쉽게 오를 수 있다. 얼음 절벽에 오르려면 아이젠이나 얼음 깨는 송곳 같은 튼튼한 등반 장비를 챙겨야 한다. 중력이 약하면 절벽에 오를 때도 위험할 일이 전혀 없다며 주의를 기울이지 않는 사람이 있다. 물론 저중력 상태에서는 위에서 아래로 떨어져도 다치지 않을 수 있지만, 아주 높은 곳에서 떨어지면 죽을 수는 있다.

## ○─ 절벽에서 뛰어내리기

명왕성은 중력이 아주 약하기 때문에 30m 높이에서 뛰어내려도 발목 하나 부러지지 않을 수도 있다. 일단 풀쩍 뛰어내리면 눈발처럼 휘날리면서 부드럽게 땅을 향해 내려갈 것이다. 왠지 명왕성에서는 이런 상태로 쭉 땅까지 내려갈 것 같겠지만, 사실 땅에 닿을 무렵의 낙하 속도는 아주 빨라져 있을 수도 있다. 명왕성에서 30m 높이에서 뛰어내린 뒤에 땅에 닿을 정도가 되면 지구에서 1.8m 높이에서 뛰어내린 것과 같은 속도에 도달한다. 낙하산을 준비할 필요도 없다. 물론 가져가도 되지만, 전혀 소용이 없을 것이다. 왜냐고? 명왕성에는 공기가 거의 없으니까. 스푸트니크 평원에 있는 넓고 깊은 구덩이들은 절벽 뛰어내리기를 즐기는 사람들이 많이 찾는 곳이다.

## 공중 하키

명왕성에서는 퍽을 지구의 상온 정도로만 데워도 퍽이 지나가는 곳의 얼음은 그 즉시 맹렬하게 타올라 기체가 되어버린다. 이 왜소행성의 표면에는 개인 공중 하키 연습장을 만들 수 있다. 단, 퍽은 계속 움직여야 한다는 사실을 잊지 말자. 잠시만 멈춰도 퍽은 얼음 위에 구멍을 만들고 사라져버릴 것이다.

## 명왕성의 지위를 둘러싼 논쟁

명왕성도 흥미롭지만 그보다 더 흥미로운 건 명왕성을 둘러싸고 벌어지는 지위 논쟁이다. 명왕성은 무슨 문제가 있어 행성이 되지 못한 걸까? 국제천문연맹은 한 천체가 행성이 되려면 세 가지 기준을 만족해야 한다고 했다. 첫째, 태양 주위를 돌아야 한다. 둘째, 질량이 커서 거의 구 형태를 이루어야 한다. 셋째, 지나는 궤도에 있는 모든 이웃을 제거해버릴 만큼 중력이 커야 한다. 행성은 태양을 도는 공전 궤도를 다른 천체와 공유하지 않아야 한다.

명왕성은 세 번째 기준에 맞지 않았기 때문에 행성으로서의 지위를 잃었다. 명왕성은 여러 얼음 세계와 공전 궤도를 공유하고 있다. 더구나 공전 궤도면이 모든 행성이 공통적으로 공유하는 평평한 원반 형태의 공전 궤도면과 상당히 어긋나 있는 등 다른 행성과의 차이점이 여럿 있다. 게다가 태양계에는 명왕성과 크기와 특성이 비슷하지만 한 번도 행성으로 분류되어본 적이 없는 천체가 아주 많다(예를 들어 해왕성의 위성인 트리톤만 해도 명왕성보다 크다). 따라서 과학자들은 태양계의 행성계를 명왕성을 뺀 여덟 행성으로 구성할 것인지, 더 많은 천체를 행성계에 넣어 행성계의 규모를 키울 것인지 결정해야 했다.

명왕성을 행성에서 제외한다는 결정은 논리적으로 옳을 뿐 아니라 현명한 우주여행자에게도 이득이다. 왜소행성으로 강등된 명왕성은 많은 사람이 찾지 않는 비인기 여행지이니 할인을 받을 수 있다. 덕분에 우주여행자들은 저렴한 비용으로 붐비지 않는 외진 곳에서 평화롭게 휴가를 즐길 수 있게 되었다.

# 근처에는 뭐가 있을까?

명왕성에서 가장 큰 위성은 샤론이다. 이 유명한 위성은 사진으로 본 사람도 있을 것이다. 명왕성에는 닉스, 히드라, 케르베로스, 스틱스 같은 작은 위성도 있다. 럭비공처럼 생긴 닉스와 히드라는 전혀 예측할 수 없는 방식으로 자전하기 때문에 도달하기가 쉽지 않다. 이 두

명왕성의 위성, 샤론

NASA/JOHNS HOPKINS U. APPLIED PHYSICS LABORATORY/SWRI

위성에 잠시 머물면 하루의 길이와 태양이 뜨는 방향이 제멋대로 바뀐다는 사실을 알게 될 것이다. 느리게 돌고 있는 두 위성의 자전 속도와 자전 방향이 바뀌는 것은 명왕성은 물론이고 샤론 같은 다른 위성들의 중력에 영향을 받아 마구 흔들리기 때문이다.

명왕성을 지나 태양계에서 좀 더 바깥쪽으로 날아가면 몇몇 왜소행성과 얼음으로 만들어진 작은 혜성이 고리 형태로 태양 주위를 돌고 있는 카이퍼대에 도착한다. 명왕성과 명왕성의 위성들, 그리고 태양계 외곽을 돌고 있는 얼음 천체들은 카이퍼대 천체<sub>Kuiper Belt Objects</sub>라고 부른다.

## ○─ 샤론

명왕성의 하늘을 쳐다보면 지구에서 보는 보름달보다 두 배나 큰 샤론을 볼 수 있다. 샤론의 공전 주기는 명왕성의 자전 주기와 같다. 그 때문에 명왕성 지표면 절반에서는 샤론을 보지 못하고 샤론의 반쪽 표면에서도 명왕성을 보지 못한다. 샤론을 볼 수 있는 숙소에 머물려면 추가 비용을 내야 하지만 그만한 가치는 분명히 있다.

명왕성에서 샤론까지의 거리는 상하이에서 부에노스아이레스까지의 거리와 같기 때문에 우주여행으로 치면 경비행기급 이동 거리라고 할 수 있다. 명왕성과 샤론은 질량도 비슷하기 때문에 두 천체의 관계는 (예전) 행성 주위를 위성이 돌고 있다기보다는 두 천체가 서로가 서로의 주위를 돌고 있는 것과 같다. 마치 두 사람이 손을 잡고 빙글빙글 도는 것처럼 서로 묶여 중력 춤을 추고 있는 것이다. 지구와 달의 경우 지구가 달보다 질량이 훨씬 크기 때문에 달은 움직이고 지구는 가만히 있다고 생각해도 크게 무리는 없다. 하지만 실제로는 지구와 달 모두의 무게 중심이라고 할 수 있는 한 점을 중심으로 빙글빙글 돌고 있다. 명왕성과 샤론의 경우는 무게중심이 명왕성에서 멀리 떨어진 바깥쪽에 있기 때문에 명왕성도 샤론도 서로의 주위를 도는 동안 아주 많이 움직일 수밖에 없다. 우주선을 타고 명왕성과 샤론 사이에 들어가 두 천체가 우주선 주위를 도는 모습을 지켜보자.

샤론을 빙 둘러 가르고 있는 거대한 세레니티 협곡(세레니티 카스마 Serenity Chasma)에도 가보자. 세레니티 협곡은 그랜드캐니언보다 길고 깊다. 이 협곡은 대양이 얼어붙은 뒤에 확장되면서 지표면에 깊은 홈을 남겨 생성됐을 것으로 추정하고 있다. 협곡 안에는 산도 하나 있다. 깊은 구덩이 한가운데 솟아 있는 이 독특한 산의 생성 원인은 여전히 베일에 싸여 있다.

샤론에서 여러 지역을 여행하다 보면 지표면의 색이 달라진다는 사실을 눈치챌 것이다. 극지방의 지표면은 어둡고 붉지만 적도 지역의 지표면은 밝다. 북극 가까이 있는 모르도르Mordor 는 J. R. R. 톨킨 Tolkein (1892~1973)의 《반지의 제왕》에 나오는 무시무시한 지명과 같은 이름이 붙은 곳인데, 특히 어둡다. 모르도르에는 걸어 들어가는 일이 쉽지 않다. 중력이 지구의 3%밖에 안 되는 곳에서는 걷기 힘들기 때문이다.

## ○─ 하우메아

명왕성과 샤론이 지구에서 갈 수 있는 가장 먼 휴가지는 아니다. 태양계에는 그보다 멀리 떨어져 있는 왜소행성들이 또 있다. 하우메아

Haumea 는 명왕성보다 태양까지의 평균 거리가 더 길며, 명왕성 크기의 3분의 1밖에 되지 않는다. 하와이의 출산의 여신과 같은 이름이 붙은 이 왜소행성은 갓난아기 머리처럼 길쭉해서 양옆의 길이보다 위아래 길이가 두 배 정도 더 길다. 하우메아의 생김새가 특이해진 이유는 엄청나게 빠른 자전 속도 때문이다. 하우메아에서는 네 시간이면 하루가 지난다. 하우메아에 서 있으면 지구에서 밤에 타임랩스time lapse (느린 속도로 촬영한 영상을 정상 속도보다 빨리 돌려서 보여주는 특수 영상 기술-옮긴이)를 지켜보는 것처럼 멀리 있는 해와 별들이 아주 빠른 속도로 떴다가 지는 모습을 관찰할 수 있다. 하우메아의 위성인 히이아카 Hi'iaka 와 나마카Namaka 는 하우메아의 두 딸이자 하와이의 수호 여신과 바다의 여신 이름이기도 하다.

## ○─ 마케마케

지구에서 태양까지의 평균 거리보다 38배는 길고 53배보다는 짧은 그 어디쯤의 궤도를 돌고 있는 이 머나먼 세계에 가보면 명왕성은 사실 아주 번잡한 곳이라는 생각이 절로 들 것이다. 마케마케Makemake 는 라파 누이Rapa Nui 섬사람들의 풍요의 신이자 사람들을 창조한 신이다. 라파 누이 섬은 이스터 섬이라고도 부른다. 위성이 한 개인 마케마케는 부활절(이스터)이 끝난 직후에 발견했다.

## ○─ 에리스

이 작은 왜소행성의 원래 이름은 제나Xena 였고, 제나의 위성은 텔레비전 시리즈에 나온 인물의 이름을 딴 가브리엘Gabrielle 이었다. 하지만 곧 왜소행성은 그리스의 불화와 다툼의 여신인 에리스Eris 라는 이름을 다시 갖게 되었고 그 위성은 무법의 다이몬인 디스노미아 Dysnomia 라는 이름을 새로이 갖게 되었다. 에리스를 발견한 과학자들은 행성을 분류하는 기준을 놓고 격렬한 논쟁을 벌였다. 에리스를 발견했을 무렵에는 명왕성이 여전히 행성의 지위를 누리고 있었는데, 에리스는 명왕성과 비슷한 점이 너무도 많았다. 그 때문에 과학자들은 고민해야 했다. 명왕성이 행성이라면 에리스도 행성이어야 하지 않을까 하고 말이다. 더구나 에리스는 명왕성보다 조금 더 무겁기까지 했다. 결국 천문학자들은 행성계의 크기를 확장하는 대신 명왕성을 내쫓았고, 명왕성과 에리스를 포함한 몇몇 천체들을 왜소행성으로 분류했다.

에리스에 가보고 싶은 사람에게 가장 크게 문제가 되는 부분은 에리스까지의 거리일 것이다. 말 그대로 너무나도 먼 곳에 있는 에리스는 태양과 지구까지의 거리보다 평균적으로 97배 이상 먼 곳에서 공전하고 있다. 에리스가 태양과 가장 가까이 있는 시기를 한번 놓치면 557년을 더 기다려야 다시 기회를 잡을 수 있다. 에리스로 출발하기 전에 정말로 그 지난한 고독을 견딜 수 있을지, 다시 한번 생각해보기를 권한다.

## ○─ 67P/추류모프-게라시멘코 혜성

두 개의 덩어리가 붙어 있는 것처럼 생긴 어두운 흑투성이 혜성은 이름이 참 길다. 67P/추류모프-게라시멘코라는 이름은 이 혜성을 발견한 클림 이바노비치 추류모프Klim Ivanovich Churyumov (1937~2016)와 스

로봇 탐사선이 최초로 방문한 67P혜성

ESA/ROSETTA/NAVCAM

베틀라나 이바노브나 게라시멘코Svetlana Ivanovna Gerasimenko (1945~)의 이름을 딴 것이다. 다행스럽게도 67P 혜성이라고 줄여서 부르는 이 혜성은 명왕성의 고향인 카이퍼대에서 출발해 태양계 안쪽으로 여행을 떠난다. 중력이 아주 약하기 때문에 이 혜성에 다가갈 때는 극도로 조심해야 한다. 너무 뜨거워진 상태로 접근하면 어두운 표면에 착륙하지 못하고 튕겨 나갈 수도 있다. 지표면을 밟은 뒤에도 펄쩍 뛰지 않도록 조심해야 한다. 잘못 뛰었다가는 망각의 우주로 날아가 다시는 돌아오지 못할 테니까. 67P 혜성은 로제타 우주 탐사 계획의 일환으로 발사된 필라이 탐사선Philae lander이 착륙해, 로봇 탐사선이 착륙한 최초의 혜성이 되었다.

다른 모든 혜성처럼 67P 혜성도 토성의 궤도 안쪽으로 들어와 태양에 가까워지면 일부 얼음이 기체로 바뀐다. 그 때문에 평소라면 어두운 얼음 핵만 있을 곳에 밝은 구름이 생기면서 빛을 반사한다. 이때는 안전장치를 철저하게 갖추고 있지 않으면 혜성에 머물기 어렵다. 67P 혜성이 태양에 가까워지고 있을 때 혜성 위에 있으면 혜성 뒤쪽으로 꼬리가 두 개 생기는 모습을 볼 수 있다. 각각 기체 꼬리와 먼지 꼬리이다. 기체 꼬리는 태양풍에 밀려 정확히 태양의 반대 방향으로 뻗어 나가지만 먼지 꼬리는 곡선을 이루며 혜성의 공전 궤도와 기체 꼬리 사이에 있는 한 지점으로 뻗어 나간다.

67P 혜성은 지구의 공전 궤도 안으로 들어가지 않지만, 몇몇 혜성은 그 안으로 들어가기도 한다. 지구의 공전 궤도 안으로 들어온 혜성은 산속에서 빵가루를 떨어뜨리는 헨젤과 그레텔처럼 먼지 입자를 흔적으로 남긴다. 이 작은 입자들은 하늘을 가로지르는 반짝이는 선을 그리며 유성우로 내린다. 자, 이제 소원을 빌어보자!

# 지구로 돌아갈 시간

모든 일에는 끝이 있기 마련이다. 지구로 돌아갈 시간이 다가오면 당연히 기대도 되고 벅차오를 수밖에 없다. 그럴 때는 바쁘게 지내는 것이 도움이 될 것이다. 지구에 있는 친구와 가족에게 연락을 하고, 지구 안내서를 읽고, 죽기 전에 마지막으로 다녀올 지구 관광지를 검색해보자. 우주 탐사 초기에 우주에 다녀왔던 우주비행사들은 우주로 나가면 지구의 소중함을 더욱 잘 알게 된다고 했다. 우리도 그 사실을 잊지 말자.

집을 향해 날아가는 동안 수많은 별 가운데 뜬 희미한 파란 점이었던 지구가 점점 커져갈 것이다. 오랜 여행이 끝난다는 아쉬움은 있겠지만 수년 만에, 혹은 수십 년 만에 처음으로 지구의 중력을 느끼면서 내 침대에 몸을 누일 수 있다는 사실에 무한한 행복을 느끼지 않을까. 지구 가까이에서 레이저처럼 희미하게 빛나는 얇은 대기에 감싸인 지구를 보면 저 작은 구면에서 수조 개체의 생명체가 살아가고 있음을 떠올리고는 말로 표현할 수 없는 경이로움에 사로잡힐 것이다.

**○ ⊝ ✚**

　오랜 우주여행을 마치고 돌아와서 다시 지구인으로 살아가는 일은 쉽지 않을 것이다. 영국 우주비행사 팀 피크Tim Peake (1972~)는 6개월 동안 우주에 나가 있다가 지구로 돌아오는 것은 '세상에서 가장 지독한 숙취'에 시달리는 일이라고 했다. 우주에 머문 시간이 길면 길수록 지구로 돌아와 육체적으로나 정신적으로나 적응하는 기간이 더 길어진다. 몸이 약하거나 미소중력 상태에서 오래 살았기 때문에 균형 감각을 상실했다면 여행을 떠나기 전의 체력으로 돌아오는 데는 몇 년이 걸릴 수도 있다. 그러니 집으로 돌아온 뒤에는 조심해서 걷고 어딘가에 부딪치지 않도록 주의하자.

　우주를 여행하는 동안 뼈가 약해졌을 것이다. 충격을 받으면 부러질 수도 있다. 특히 엉덩이뼈가 취약하다. 처음 며칠 동안은, 혹은 몇 주 동안은 걷는 것이 불편하고 어설플 수도 있다. 어쩌면 땅바닥을 부드럽게 밀어내도 방을 가로지를 수는 없다는 사실을 잊어버렸을지도 모른다. 와인을 잔에 따르다가 잠시 손을 놓는 바람에 잔을 여러 개 깨먹을 수도 있다. 지구에서는 물건을 허공에 띄울 수 없으니 반드시 단단한 표면 위에 올려두어야 한다.

　장기간 우주여행을 마치고 돌아온 사람들은 문화 충격을 받곤 한다. 지구를 떠나 있던 시간만큼 지구에서는 많은 변화가 있었을 테니, 분명히 시간 여행을 하고 온 사람 같은 기분이 들 것이다. 좋아했던 음악도 옷차림도 지구에 돌아왔을 때는 이미 구식이 되어 있을 것이다.

　아주 오랫동안 지구를 떠나 있던 사람은, 사람이 살아갈 수 있도록 지원하는 자연 환경에서 산다는 것이 어떤 느낌인지 잊었을 것이다. 몇 달, 몇 년, 심지어 수십 년 동안 날씨를 조절하는 인공 거주지에서 살았던 사람은 기온이 5℃, 10℃, 심지어는 15℃까지 오르내리면서 마구 요동치는 전형적인 가을 날씨를 만나면 머리가 어지러울 정도로 당황할 수도 있다. 사하라 사막에서 가장 뜨거운 곳이나 시베리아 벌판에서 가장 추운 곳에서 살았던 사람은 평생 처음으로 극단적인 고향 환경을 즐기게 될 것이다. 작열하는 열기 속에서 시원함을 유지하려고 속옷을 벗거나 새벽 다섯 시에 일어나 자동차 앞 창문에 달라붙은 서리를 떼어내면서도 정말로 행복할 것이다.

지구로 돌아온 뒤에는 이전에 살았던 곳과는 다른 곳을 거주지로 택할 수도 있다. 1년 내내 따뜻해서 코트 따위는 필요가 없는 적도지방에 정착할 수도 있을 것이다. 아니면 지구 기준으로 보면 생존하기 힘들지만 외계 기준으로 보면 상당히 온화한 지역인 극지방으로 가서 지구의 극지방이 얼마나 살기 좋은 곳인지를 확인하고 잔뜩 신날 수도 있다.

어디에 정착하건 지구가 만들어내는 뚜렷한 사계절을 그 전과는 다르게 무척 즐기게 될 것이다. 더러운 눈으로 거리가 덮이는 겨울, 진창길이 만들어지는 봄, 끈적끈적한 여름, 거센 바람이 불어오는 가을 중 어느 계절에나 잔뜩 기분이 좋아질 것이다.

어느 계절에 돌아오건, 어떤 날씨를 경험하게 되건 아주 조그마한 일에도 흥분하는 자신을 보면서 스스로도 놀랄 것이다. 자연이 주는 모든 것을 경험하고 싶어서 날씨가 좋지 않을 때도 외투를 입지 않고, 심지어 신발도 신지 않고 밖에 나가게 될 수도 있다. 지구를 떠나 휴가를 즐기는 동안 경험해야 했던 우주의 기상 현상과 비교하면 너무나도 온화한 기상 현상을 두고 친구들이 너무 덥다느니 너무 춥다느니 폭풍이 세다느니 하는 말을 들으면 깜짝 놀랄지도 모른다. 드넓은 파란 하늘과 하얀 뭉게구름에서 시선을 떼지 못할 수도 있다. 태양이 지평선 아래로 내려가면 어두운 밤하늘에 떠 있는 별들을 바라보면서 자신이 머물던 곳을 생각하고 경이로움에 사로잡힐지도 모른다. 아마도 생전 처음 보는 사람을 붙잡고 우주의 아름다움을, 사람의 연약함을, 당장 우리의 고향 행성을 보호할 모든 조치를 취해야 한다는 이야기를 멈추지 않고 해댈 수도 있다.

어쩌면 지구에서 겪어야 하는 번잡스러움 때문에 쉽게 화를 낼 수도 있다. 도시에서는 차가 흔히 막힌다. 특히 특정 시간대에는 늘 막힌다. 공항은 붐빌 때가 많은데, 우주에서 돌아온 당신은 심심하면 보안 검사 대상이 될 수도 있다. 그러니 70억 인구 가운데 지극히 적은 사람만 활동하는 시간에 돌아다니는 게 좋을 것이다. 어디든지 붐비는 곳에서는 공황장애가 올 정도로 숨이 막힐 수 있다. 특히 사람 구경은 거의 할 수 없는 태양계의 최대 오지에서 휴가를 보내고 온 사람이라면 그 충격은 실로 어마어마하게 클 것이다.

지구의 자연이 선보이는 다채로운 아름다움에는 아마 깜짝 놀라게 될 것이다. 우주에 있는 동안 거칠게 흐르는 물소리를 듣는다는 것이, 온통 울창한 식물로 덮여 있는 넓은 목초지를 본다는 것이 어떤 의미인지를 잊어버렸을 수도 있다. 어쩌면 숲에 들어가면 처음에는 불안해지고, 활짝 트인 사막에 있을 때에만 조금은 평온함을 느낄 수도 있다. 우주에서 보았던 크레이터나 협곡, 산맥, 화산에 비견할 수 있는 지형을 지구에서는 찾기 힘들 것이다. 하지만 이제 돌아왔으니, 지구에서의 시간을 즐겨보자! 목성을 다녀온 사람들은 지구에서 볼 수 있는 가장 화려한 오로라도 소박하게 만들어버리는 목성의 장대한 오로라를 죽을 때까지 그리워하겠지만, 사실 우주에서 휴가를 보내면서 보았던 풍경과 대적할 수 있는 멋진 자연 지형이 지구에도 많이 있다.

◐ ⊘ ✛

멋진 휴가를 즐기고 오면 일상으로 돌아가는 일은 달콤하면서도 씁쓸할 수밖에 없다. 더구나 오랫동안 자리를 비웠으니 아마도 직장도 옮겨야 할 것이다. 이제 시간을 들여 당신의 인생에서 중요한 것이 무엇인지를 고민해볼 때가 되었다. 지구인의 삶을 개선하는 데 헌신하자는 결심을 할 수도 있을 테고 지구 행성의 서식지를 효율적으로 보호하고 망가지기 쉬운 환경을 보존하자며 자연보호 운동에 앞장설 수도 있을 것이다. 지구에서의 일상으로 돌아가는 동안 무슨 일을 하기로 결정을 했건 간에, 한때 지구에 있는 모든 것을 남겨두고 우주로 떠났던 시간이 있었음을 잊지 말자. 삶이 지치고 힘들 때면 밤하늘을 올려다보면서, 한때는 당신도 저 별들 사이에 있었음을 떠올리자.

# 참고 목록

우주여행 안내서를 작성하려고 과학자들과 여러 전문가들을 직접 인터뷰하기도 했지만, 수십 권에 달하는 책도 읽었고, 미국항공우주국 기술 보고 자료도 읽었다. 또한 과학자들의 블로그, 과학 논문도 참고했고 어마어마한 정보와 사진, 멀거나 가까운 거리에 있는 우주 휴가지 지도가 올라와 있는 우주 탐사 프로젝트 공식 웹사이트에 들어가 오랜 시간 자료를 검색하며 시간을 보냈다. 이 책을 쓰면서 참고한 자료 목록은 guerillascience.org/intergalacticsources에 있다.

nasa.gov를 방문하면 태양계는 물론이고 태양계 너머에 있는 좋아하는 휴가지 정보를 마음껏 볼 수 있다. 우주 탐사에 관해 과학과 기술 관련 정보를 자세히 알아보고 싶은 사람은 https://www.sti.nasa.gov/에서 탐색을 시작하면 좋다. 가고 싶은 우주 여행지 정보를 알고 싶은 사람은 각 여행지의 최근 탐사 결과를 제공하는 홈페이지를 방문해보자.

달: lunar.gsfc.nasa.gov

수성: messenger.jhuapl.edu

금성: global.jaxa.jp/projects/sat/planet_c

화성: mars.nasa.gov

목성: missionjuno.swri.edu

토성: saturn.jpl.nasa.gov

명왕성: pluto.jhuapl.edu


천왕성이나 해왕성에 관심이 있어 두 행성의 최신 소식을 알고 싶은 사람들에게는 유감이지만 안타까운 소식을 전해야겠다. 두 여행지는 휴일에(아니면 다른 날이었는지도 모르지만) 가본 뒤로 오랜 시간이 지났기 때문에 최신 소식이 없다. http://voyager.jpl.nasa.gov에 가면 보이저 2호가 마지막으로 두 행성을 탐사하면서 찍어 보낸 사진들을 볼 수 있다. 1980년대 이후로 천왕성과 해왕성에 어떤 일이 있었는지 알고 싶다면 지구에서 관찰한 자료를 살펴보거나 지역 국회의원에게 전화를 걸어 오래전에 시작했어야 할 우주 탐사 계획이 어째서 아직도 감감무소식인지 물어보자.

지금 놀러 갑니다, 다른 행성으로

초판 1쇄 발행   2018년 6월 18일
초판 2쇄 발행   2019년 4월 24일

지은이 • 올리비아 코스키, 야나 그르세비치
옮긴이 • 김소정

펴낸이 • 박선경
기획/편집 • 권혜원, 김지희, 한상일, 남궁은
마케팅 • 박언경
표지 디자인 • dbox
본문 디자인 • 디자인원
제작 • 디자인원(031-941-0991)

펴낸곳 • 지상의 책
출판등록 • 2016년 5월 18일 제395-2016-000085호
주소 • 경기도 고양시 일산동구 호수로 358-25 (백석동, 동문타워Ⅱ) 912호
전화 • 031)967-5596
팩스 • 031)967-5597
블로그 • blog.naver.com/jisangbooks
이메일 • jisangbooks@naver.com
페이스북 • www.facebook.com/jisangbooks

ISBN 979-11-961786-3-5/03400
값 17,000원

'지상의 책'은 도서출판 갈매나무의 청소년 도서 임프린트입니다. 배본, 판매 등 관련 업무는 도서출판 갈매나무에서 관리합니다.

이 도서의 국립중앙도서관 출판예정도서목록(CIP)은 서지정보유통지원시스템 홈페이지(http://seoji.nl.go.kr)와 국가자료공동목록시스템(http://www.nl.go.kr/kolisnet)에서 이용하실 수 있습니다.(CIP제어번호: CIP2018016321)